第三届油田化学新材料技术与标准研讨会论文集

中国石油学会标准化工作委员会
油田化学剂专业标准化技术委员会 编

石油工业出版社

内 容 提 要

本书收录了第三届油田化学新材料技术与标准研讨会中的优秀学术论文，内容涉及油田化学剂的研发与应用、油田污水处理技术、油田环境保护与治理等方面，既有理论探讨，也有实践经验的总结。这些论文不仅涵盖了油田化学新材料技术的创新应用，还涉及了相关标准的制定与研究，充分展现了我国在这一领域的强大研发实力与前沿进展。

本书适合油田化学领域的从业人员、科研人员、管理人员及高等院校师生等阅读。

图书在版编目（CIP）数据

第三届油田化学新材料技术与标准研讨会论文集 / 中国石油学会标准化工作委员会，油田化学剂专业标准化技术委员会编 . -- 北京：石油工业出版社，2024.10. -- ISBN 978-7-5183-6824-2

Ⅰ . TE 39-53

中国国家版本馆 CIP 数据核字第 202443SK75 号

出版发行：石油工业出版社

（北京安定门外安华里2区1号　100011）

网　　址：www.petropub.com

编辑部：（010）64523550　　图书营销中心：（010）64523633

经　　销：全国新华书店

印　　刷：北京中石油彩色印刷有限责任公司

2024年10月第1版　2024年10月第1次印刷

787×1092毫米　开本：1/16　印张：11.5

字数：239千字

定价：100.00元

（如出现印装质量问题，我社图书营销中心负责调换）

版权所有，翻印必究

《第三届油田化学新材料技术与标准研讨会论文集》

编委会

顾　问：杜吉洲

主　编：廖广志

副主编：张　玉　刘卫东　姜维东

成　员：万晓苑　贺丽鹏　张　帆　赵　丹　韩睿婧

前　言

随着科技的飞速进步，油田化学新材料技术作为提升油气勘探开发效率、降低生产成本、减少环境影响的重要手段，已成为行业关注的焦点与研究的热点。为促进油田化学技术发展与创新，进一步提升我国油田化学技术水平与产量贡献度，支撑能源领域高质量发展，中国石油学会标准化工作委员会和油田化学剂专业标准化技术委员会于 2024 年 6 月共同举办了"第三届油田化学新材料技术与标准研讨会"，旨在为业内科技人员和专家搭建一个学术交流与合作创新平台，共享科研进展、行业前瞻及技术成果，推动相关领域标准研究，为石油工业的可持续发展贡献智慧与力量。

本次研讨会汇集了来自中国石油天然气集团有限公司、中国石油化工集团有限公司、中国海洋石油集团有限公司推荐的论文，从不同领域、不同视角的研究成果与见解，展示了油田化学新材料技术的最新研究成果，也反映了行业对于技术创新、绿色发展、标准制定的迫切需求与深刻思考。为便于广大石油工业标准化工作者在学习和工作中借鉴和参考，经论文作者同意，本论文集汇编了 19 篇论文全文、4 篇论文摘要。其中，《中石油固井用新材料与新体系研究及应用》《冲洗隔离液固井界面残留定量分析方法研究》《油井水泥用增韧剂标准关键性指标及评价方法研究》《钻井液用甲酸盐含量测定方法研究》等 4 篇论文已被《钻井液与完井液》杂志录用，故仅在本论文集中收录摘要内容。

通过本次研讨会的交流与分享，将进一步激发油田化学新材料技术的创新活力，推动相关标准的制定与完善，为石油工业的高质量发展注入新的动力。同时，也期待这些研究成果能够转化为实际应用，为解决油气勘探开发中的技术难题、提升资源利用效率、减少环境污染提供有力支撑。

在此，向所有参与本次研讨会及论文撰写的作者表示衷心的感谢与崇高的敬意！正是有了你们的辛勤付出与卓越贡献，才使得本次研讨会取得了圆满成功，也为油田化学新材料技术的发展注入了新的活力与希望。

让我们携手并进，共同为推动油田化学新材料技术的不断创新与发展贡献力量！

目 录

新型耐350℃高温泡沫体系在渤海稠油蒸汽吞吐井中的应用
　　……………………………………………… 李思远　曹子娟　王弘宇　温　佳（1）

一种新型驱油用黏弹性表面活性剂合成与性能研究
　　…………………………… 韩玉贵　赵　鹏　曹长霄　高　尚　吕　鹏（10）

聚驱后油藏深部定位调堵技术的研究与应用
　　………………… 吕　杭　周　泉　丁汝杰　李　萍　乔　岩　王俐超（16）

驱油用两亲性聚合物的制备与性能评价
　　…………………………… 潘　峰　杨　莉　曹瑞波　李　勃　王　源（29）

长庆油田套损井自降解暂堵凝胶研究与应用
　　………………………………………………… 张　严　万向臣　闵江本（38）

超薄层稠油油藏提高采收率开发方式研究
　　……… 李　岩　郭思强　钱　昱　王　涛　朱　顺　王　强　张　鸿　周　浩（45）

复合体系性能评价方法的优化及应用
　　……………………………………………………………… 刘春天　郭春萍（54）

生物酶提高采收率技术的室内研究
　　………………… 鹿守亮　王艳玲　王　颖　金　锐　李　星　张继元（60）

一体化缔合携砂滑溜水体系的研究与应用
　　…………………………… 王一明　戴　鲲　吕　宁　陈巧梅　王珂昕（69）

新型酸性压裂液工艺在大庆泥页岩储层的应用
　　………………… 陈巧梅　吕　宁　武建永　王珂昕　王一明　赵　静　林　娜（80）

水平井油基钻井液用固井前置液的研制与应用
　　…………………………… 刘　昊　姜　涛　谌德宝　毕洪燥　曹　星（87）

水基微乳固砂体系在海上注水井可行性研究及应用
　　……… 冯　阳　陈华兴　代磊阳　潘定成　牟　媚　张晓封　曾　旭　刘　棚（97）

强水敏储层特征分析及低伤害复合防膨体系实验研究
　　…………………………… 王庆国　王永昌　方艳秋　孙志成　石胜男（106）

解堵抑砂一体化工艺技术研究及应用
　　………………… 邵彭涛　邱丽灿　姜光宏　曲庆东　田初明　杜叔良　马　龙（117）

渤海某油田长期关停井储层伤害分析及对策应用
　　……………………………………… 陈　旭　齐　帅　黄睿卿　崔　畅（129）
不同钻井液体系在某油田的应用
　　………………………………… 刘美玲　常　雷　李继丰　王伟东　马金龙（137）
环保型高效润滑剂的研制与应用
　　………………………… 王晓军　许　佳　杨汉华　鄂晓春　李　刚　鲁政权
　　　　　　　　　　　　　　　　　　　　　　　　　任　艳　戴运才　袁　伟（144）
白油基钻井液对储层含油性评价的影响及校正方法研究
　　………………………… 徐　哲　王拓夫　倪有利　陈　曦　马铭择　郭　淳（153）
基于真密度法检测重晶石粉密度的研究
　　………………………………… 郑宛镧　杨　琳　曾文强　何　佳　舒昌建（162）
中石油固井用新材料与新体系研究及应用（摘要）
　　………………………………………………… 齐奉忠　于永金　靳建洲（170）
冲洗隔离液固井界面残留定量分析方法研究（摘要）
　　………………………………… 孟仁洲　夏修建　徐　璞　张　弛　齐奉忠（171）
油井水泥用增韧剂标准关键性指标及评价方法研究（摘要）
　　………………………… 刘慧婷　齐奉忠　于永金　刘霖松　冯宇思　李　悦（172）
钻井液用甲酸盐含量测定方法研究（摘要）
　　………………… 张晓光　杨俊贞　王　萍　李　彬　李慧敏　陈蕾旭　张灵英（174）

新型耐 350℃ 高温泡沫体系在渤海稠油蒸汽吞吐井中的应用

李思远　曹子娟　王弘宇　温　佳

[中海石油（中国）有限公司天津分公司]

摘　要：针对渤海稠油热采油田蒸汽吞吐井水窜及汽窜严重、常规氮气泡沫稳定性差的问题，研发了耐温350℃的复合磺酸盐泡沫体系。该起泡剂通过在主碳链上嫁接磺酸基等官能团的工艺实现耐温350℃、耐矿化度50000mg/L。该泡沫体系在渤海×油田蒸汽吞吐水平井实施5井次，成功率100%。以B5井为例，措施前日产油45m³/d，含水率76%，措施后高峰日产油达190m³，含水率降低至6.2%，结果表明该体系对蒸汽吞吐井降水增油有显著的效果，对渤海稠油热采开发提质增效有重要的借鉴意义。

关键词：蒸汽吞吐；稠油；耐温350℃；氮气泡沫堵水；矿场应用

Application of Novel 350℃ High Temperature Resistant Foam System in Bohai Heavy Steam Huff and Puff Wells

Abstract: In order to solve the problems of high watercut, steam channeling and poor stability of conventional nitrogen foam for steam huff and puff wells in the Bohai heavy oilfield, a temperature resistant of 350℃ sulfonate foam system was developed. The foam agent can achieve temperature resistance of 350℃ and mineralization resistance of 50000mg/L by grafting sulfonic acid functional groups onto the main carbon chain. The foam system was applied to five wells for ×oilfield in Bohai area, and the success rate of the operation can achieve 100%. Take the B5 well as an example, its production rate is 45m³/d and the watercut is 76% before taking water plugging measures. Its maximum production rate can achieve 190m³/d and the watercut decreases to 6.2% after using the foam system. The experiment results indicate that the foam system shows excellent effect on controlling profile and decreasing watercut in steam huff and puff horizontal wells, which will be a typical reference to improve the quality and efficiency of Bohai thermal heavy oil recovery.

Keywords: steam huff and puff; heavy oil; temperature resistant of 350℃; nitrogen foam water plugging; field testing

---

第一作者简介：李思远，女，1993年9月出生，毕业于东北大学，就任于中海石油（中国）有限公司天津分公司渤海石油研究院采油工艺研究所，工程师，从事稠油热采工作。

渤海油田稠油资源丰富，其中需热采开发的稠油储量达上亿吨。蒸汽吞吐是目前海上稠油热采油田应用最多的技术，贡献产量最大。但是随着蒸汽吞吐轮次增加，在蒸汽与稠油之间不利的流度比、蒸汽本身的重力超覆、油藏的非均质性等因素的影响下，地层对蒸汽的吸汽剖面不均衡，热利用率大大降低，部分生产井水窜及汽窜现象加剧，显著降低热采井采收率。氮气泡沫在多孔介质中具有堵大不堵小、堵水不堵油的选择性封堵特性，可有效封堵高渗层、扩大蒸汽波及体积、提高驱油效率、补充地层能量。但是常规氮气泡沫受高温限制，经过300℃老化处理后，起泡剂活性急剧降低，导致阻力因子低于30、析液半衰期低于300s，不适用于海上稠油油田蒸汽吞吐的高温环境，因此亟需研发一种耐350℃、耐高矿化度的起泡剂，为海上稠油热采控水稳油提供技术支持。

渤海×油田位于辽东湾南部海域，主力含油层位馆陶组油藏类型为块状边底水油藏，平均埋深1500m，地面原油黏度3500～10100mPa·s。储层岩性以长石砂岩为主，孔隙度平均值34.2%，渗透率平均值3268mD，具有特高孔渗储层特征。该油田实施蒸汽吞吐投产后，部分热采井出现含水急剧上升的现象，针对该问题，研发了耐温350℃、耐盐50000mg/L的高温泡沫体系，并现场成功试验5井次，降水增油效果显著。

1 高温泡沫体系性能评价

1.1 浓度对高温起泡剂性能的影响

高温起泡剂通过在主碳链上嫁接磺酸基等官能团的技术实现耐高温耐高盐。将体系经过350℃老化处理后，对不同浓度的起泡剂进行性能评价，评价结果见表1。经过350℃老化后，不同浓度的起泡剂依然具有良好的起泡性能。随着起泡剂浓度从0.5%增加至2.5%，起泡体积不断增大、析液半衰期不断延长和泡沫综合值不断增大，原因是起泡剂主要富集在溶液的表面，形成致密的液膜，泡沫表面强度增大，液膜破裂所需能量较大，大幅度提升了泡沫的稳定性。但是当起泡剂浓度增加至1%时，各项指数增加趋势明显变缓，原因为溶液中表面活性剂浓度存在一个临界点，在临界点之前，随着浓度增大，起泡体积、析液半衰期、泡沫综合值迅速上升，临界点之后，变化幅度变小。图1为高温泡沫体系的扫描电镜形貌分析，从图1中明显看出，泡沫形状趋于球状，直径约为250μm，边界明显。

表1 不同浓度起泡剂的起泡性能

起泡剂浓度，%	起泡体积，mL	析液半衰期，s	泡沫综合值，L·s
0.5	410	458	187.8
1	450	510	229.5
1.5	470	524	246.3
2	480	520	249.6
2.5	480	528	253.4

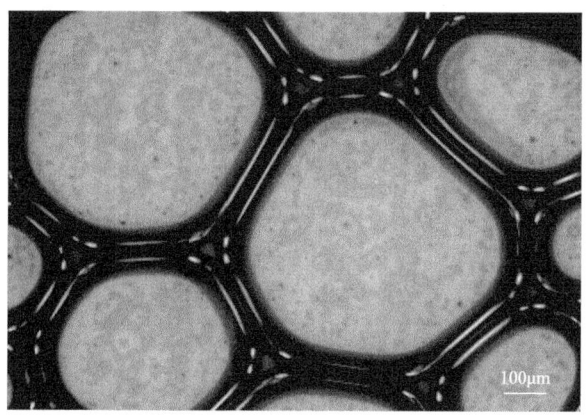

图 1 高温泡沫体系的扫描电镜形貌分析

图 2 为 350℃老化后不同浓度下高温起泡剂的阻力因子曲线。由图 2 可知，当起泡剂浓度大于 0.5% 时，泡沫体系的阻力因子均大于 65，比常规高温起泡剂的阻力因子提升 100%，且常规起泡剂一般只能耐温到 300℃；起泡剂浓度越大，阻力因子越大，浓度超出 1% 后，阻力因子增长变缓，直至相对平稳。

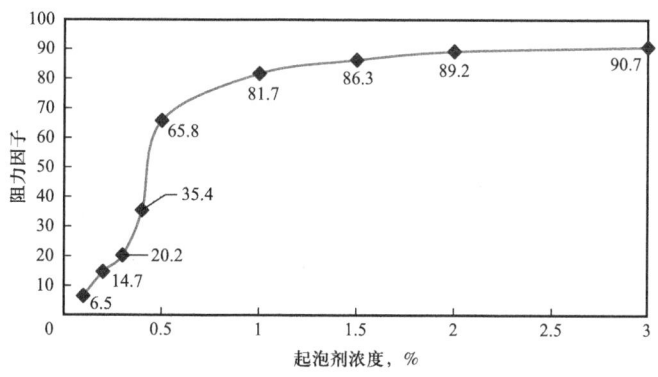

图 2 不同浓度起泡剂阻力因子

1.2 矿化度对高温起泡剂性能的影响

不仅温度影响高温起泡剂的活性，矿化度的升高，尤其是 Ca^{2+}/Mg^{2+} 离子的浓度，也会影响表面活性剂的结构、溶解性、聚集行为和气/液表面吸附能力。表 2 为总矿化度为 20000mg/L 时，不同 Ca^{2+}/Mg^{2+} 含量下高温起泡剂的性能评价。图 3 为不同 Ca^{2+}/Mg^{2+} 含量下起泡剂的泡沫综合值。当总矿化度均为 20000mg/L 时，Ca^{2+}/Mg^{2+} 的浓度为 1000mg/L、2000mg/L、3000mg/L、4000mg/L 和 5000mg/L 时，起泡体积分别为 350mL、325mL、300mL、280mL 和 275mL，半衰期分别为 240s、235s、200s、195s 和 190s。根据图 3 明显看出，随着 Ca^{2+}/Mg^{2+} 浓度增大，泡沫综合值逐渐降低，且当 Ca^{2+}/Mg^{2+} 浓度为 3000mg/L 时，泡沫综合值降低至 60L·s 以下，说明 Ca^{2+}/Mg^{2+} 浓度大于 3000mg/L 时，起泡剂性能变差。

表2 不同 Ca^{2+}/Mg^{2+} 含量时起泡剂的起泡性能

序号	总矿化度, mg/L	Ca^{2+}/Mg^{2+}, mg/L	起泡体积, mL	半衰期, s
1	20000	1000	350	240
2	20000	2000	325	235
3	20000	3000	300	200
4	20000	4000	280	195
5	20000	5000	275	190

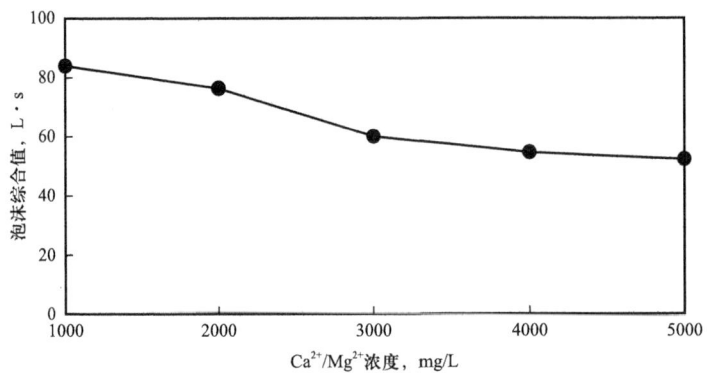

图3 不同 Ca^{2+}/Mg^{2+} 含量时泡沫综合值变化

表3为 Ca^{2+}/Mg^{2+} 浓度为3000mg/L，总矿化度不同对起泡剂起泡性能的影响。图4为 Ca^{2+}/Mg^{2+} 浓度为3000mg/L，总矿化度不同时起泡剂的泡沫综合值。当 Ca^{2+}/Mg^{2+} 浓度为3000mg/L，总矿化度为10000mg/L、20000mg/L、30000mg/L、40000mg/L和50000mg/L时，起泡体积分别为306mL、300mL、295mL、290mL和280mL，半衰期分别为205s、200s、197s、195s和196s。根据图4明显看出，随着矿化度增大，泡沫综合值基本保持不变，稳定在60L·s。根据以上实验结果，充分说明了总矿化度对此高温起泡剂起泡性能的影响较小，但是 Ca^{2+}/Mg^{2+} 浓度显著影响高温起泡剂的起泡性能。

表3 总矿化度不同时对起泡剂起泡性能的影响

序号	总矿化度, mg/L	Ca^{2+}/Mg^{2+}, mg/L	起泡体积, mL	半衰期, s
1	10000	3000	306	205
2	20000	3000	300	200
3	30000	3000	295	197
4	40000	3000	290	195
5	50000	3000	280	196

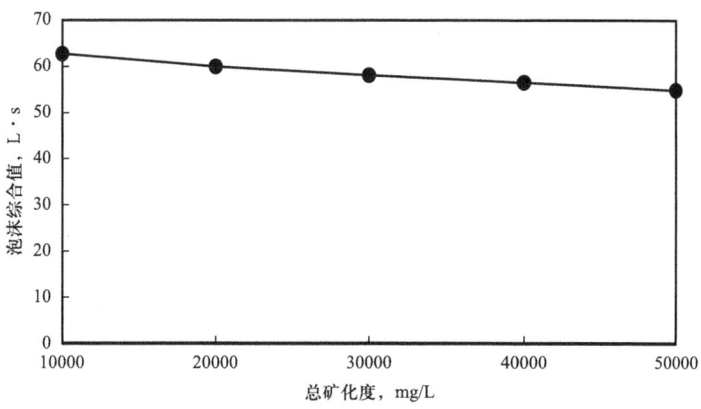

图 4 总矿化度不同时泡沫综合值变化

为验证高温起泡剂在 × 油田生产水中的起泡能力,将 × 油田实际生产水与高温起泡剂混合进行性能评价实验。表 4 为 × 油田生产水的离子组成,总矿化度 33045mg/L、Ca^{2+}/Mg^{2+} 浓度 2732mg/L。加入起泡剂后,溶液澄清透亮、无杂质产生,且发泡体积较大(图 5),说明高温起泡剂与 × 油田生产水配伍性良好,不发生反应,同时也说明高温起泡剂在总矿化度 30000mg/L、Ca^{2+}/Mg^{2+} 浓度 3000mg/L 条件下依然具有良好的起泡性能。

表 4　X 油田地热水和生产水的离子组成

离子组成	Na^+/K^+	Ca^{2+}	Mg^{2+}	CO_3^{2-}	HCO_3^-	SO_4^{2-}	Cl^-	总矿化度
生产水,mg/L	8784	2356	376	0	233	219	21077	33045

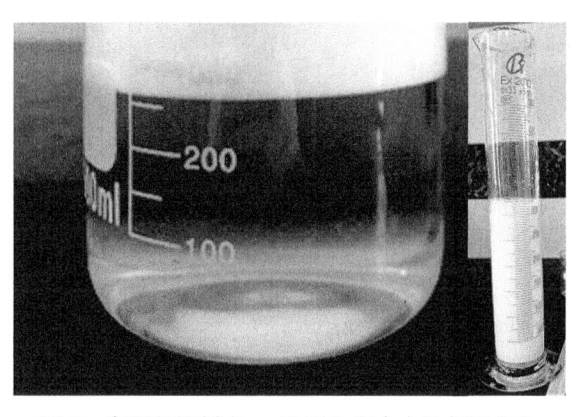

图 5　高温起泡剂在 × 油田生产水中的起泡能力

1.3 含水饱和度对高温泡沫体系性能的影响

图 6 为不同含水饱和度对泡沫体系阻力因子的影响曲线。从图 6 中可以看出,随着含水饱和度增加,阻力因子首先以较快的速度增长,然后趋于平缓,说明此高温泡沫体系在含水 60% 以上时进行封堵会得到良好的堵水效果。

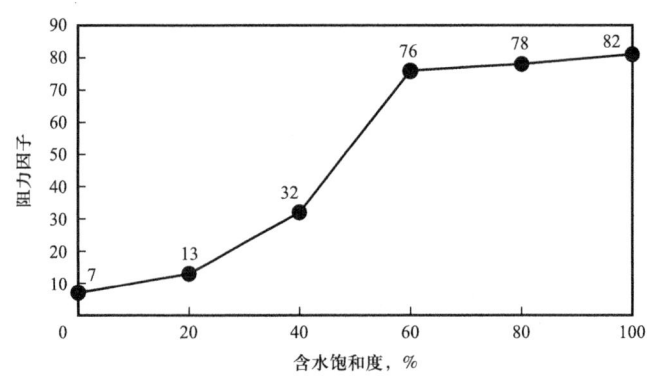

图 6 不同含水饱和度对阻力因子的影响

2 高温泡沫体系的驱油性能

2.1 高温泡沫体系调剖性能

为评价高温泡沫体系在非均质地层条件下提高采收率的能力，采用渗透率极差为 4.19 的双管模型进行物理模拟驱油实验，见表 5。蒸汽驱初期，高渗管和低渗管出液口同时出液，但高渗管出液速率明显快于低渗管。注入泡沫前，高渗管、低渗管和总采收率分别为 53.24%、37.47% 和 45.35%，见图 7。注入 0.5PV 泡沫后，低渗管出液量大于高渗管，且注入压差增加 0.5MPa。根据表 5 和图 7 可以看出，后续进行蒸汽驱，高渗管、低渗管的最终采收率达 59.46% 和 53.35%，比注入泡沫前，分别提升 6.22% 和 15.88%，总采收率提升 11.06%。此现象说明泡沫选择性的进入高渗管并形成了有效封堵，调整了吸汽剖面，导致后续蒸汽主要进入低渗管，从而显著提升了低渗管采收率。泡沫主要封堵高渗带，在贾敏效应作用下构建了极大的渗流阻力，使蒸汽转向进入低渗带，驱替部分剩余油，故不仅低渗管采收率提升，高渗管的采收率也有一定提升。由以上结果可知，该高温泡沫体系极大改善了非均质条件下的驱替平衡，具有良好的提高采收率能力。

表 5 双管模型驱油实验参数及结果

岩心	渗透率 mD	孔隙度 %	渗透率级差	蒸汽驱采收率 %		泡沫驱+后续蒸汽驱, %		采收率增加值 %	
高渗管	11006	34.4	4.19	53.24	45.35	59.46	56.41	6.22	11.06
低渗管	2621	31.6		37.47		53.35		15.88	

2.2 高温泡沫体系注入方式对驱油效率的影响

表 6 给出了注蒸汽的空白试验和 4 种泡沫注入方式，图 8 为不同注入方式的驱油效率。单注蒸汽、全程伴注、段塞注入、先前置注入后伴注、前置注入的驱油方式的驱油效

率分别为 46.32%、71.25%、64.57%、60.37% 和 57.25%，其中泡沫提高驱油效率分别为 24.93%、18.25%、14.05% 和 10.93%。与纯蒸汽方案相比，四种氮气泡沫注入方式都能提升驱油效率。在注入蒸汽过程中伴注起泡剂可显著提高驱油效率，全程伴注泡沫堵调效果最好。前置泡沫时，蒸汽向各方向扩散速度差异较大，导致温度场发育不均衡，容易发生水窜和汽窜。而伴注泡沫时，蒸汽前进速度较均匀，温度场发育均衡。

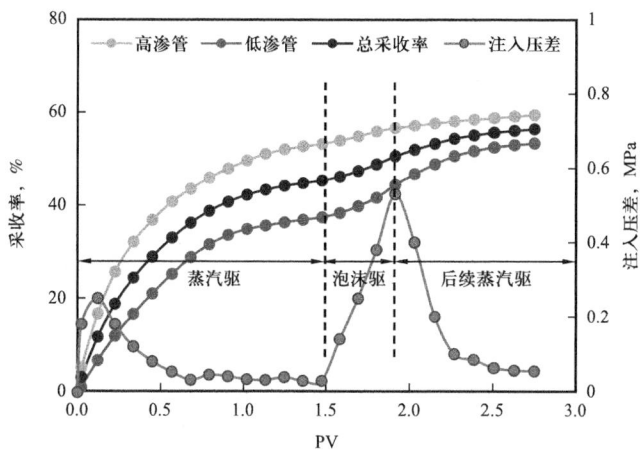

图 7　采收率随注入体积的变化

表 6　注入方式实验方案设计

实验序号	岩心孔隙度，%	渗透率，D	注入方式
1	36.3	3.49	4.5PV 蒸汽
2	36.1	3.45	全程伴注 4.5PV 起泡剂
3	35.3	3.21	两段塞共注 4.5PV 起泡剂
4	35.8	3.32	前置 4PV 后伴注 0.5PV 起泡剂
5	35.6	3.27	前置注入 4.5PV 起泡剂

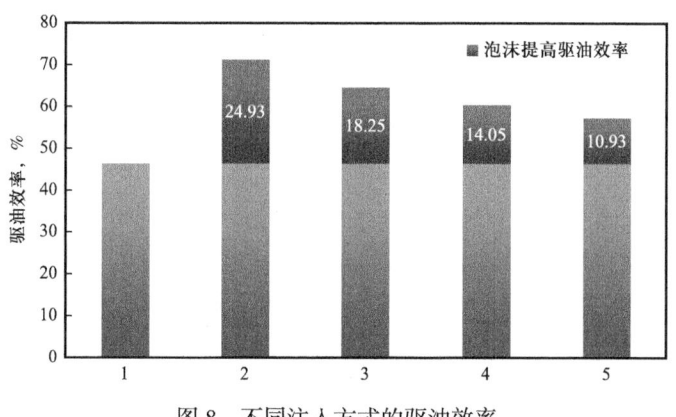

图 8　不同注入方式的驱油效率

3 矿场试验

2022 年以来，该高温泡沫体系在渤海 × 油田已实施蒸汽吞吐水平井堵水 5 井次，成功率 100%，控水增油效果见表 7，含水率均显著降低至 30% 以下，日产油提升 200% 以上，有效期 180d 以上。图 9 为 B5 井注入高温泡沫体系及蒸汽前后的生产曲线。考虑现场施工实际情况，方案设计高温泡沫体系注入量 25t，氮气伴注量 20160m³，蒸汽注入量 5472t，措施前日产油 45m³，含水 76%。启泵生产后，含水率逐渐下降，日产油逐渐上升，日产油最高达 190.7m³，含水率最低降至 6.2%，有效期长达 215d，目前日产油 60m³，含水 67%，仍处于有效期。矿场应用结果表明，此高温泡沫体系在地层具有良好的稳定性，在蒸汽吞吐井中能够起到封堵高渗通道的作用，改善吸汽剖面，提高蒸汽热利用率，均衡蒸汽波及体积，进一步实现降水增油。

表 7 × 油田使用该高温泡沫体系堵水效果统计

井号	措施前		措施后		阶段累增油 10⁴t	有效期，d
	含水率，%	日产油，m³	含水率，%	日产油，m³		
B1	82	11.9	25.6	76.2	1.99	588（仍有效）
B2	89	7.9	17.2	59.2	1.74	535（仍有效）
B3	82	23.6	22.5	142.9	2.37	344（仍有效）
B4	68	25.7	8.7	65.2	0.61	191
B5	76	45	6.2	190.7	0.86	215（仍有效）
平均值	79	23	16	107	1.54	374

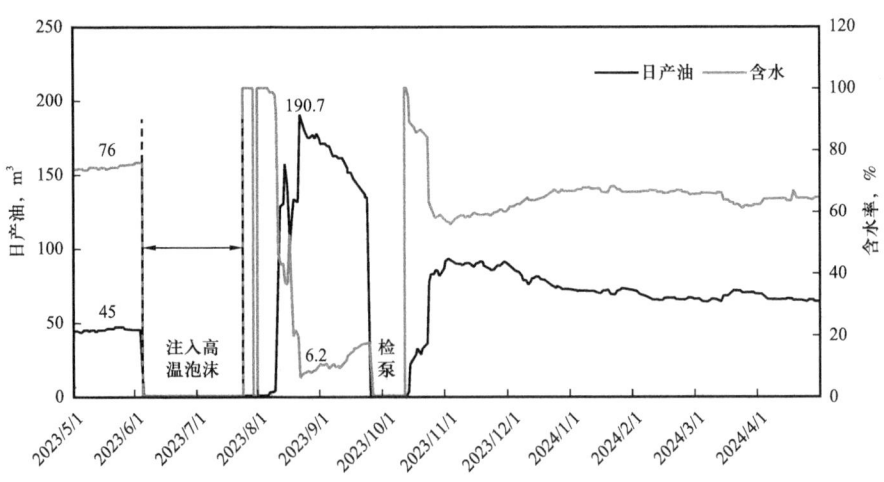

图 9 B5 井注高温泡沫及蒸汽前后生产曲线

4 结论

(1) 该新型起泡剂通过在主碳链上嫁接磺酸基等官能团,具有耐温350℃、耐矿化度50000mg/L的特性。经过350℃老化后,起泡体积可达到450mL,较常规体系提升8%,析液半衰期达到510s,较常规体系提升10%,阻力因子达到60以上,较常规体系提升100%,泡沫综合值可达230L·s,较常规体系提升25%。

(2) Ca^{2+}/Mg^{2+}离子浓度对高温起泡剂性能影响显著,而总矿化度对起泡剂性能基本无影响。在总矿化度50000mg/L、Ca^{2+}/Mg^{2+}浓度3000mg/L条件下,起泡剂依然具有良好的起泡性能。

(3) 物理模拟驱油实验表明:泡沫选择性的进入高渗带,并在高渗透带形成有效封堵,助力后续蒸汽主要进入低渗带,有效调整了吸汽剖面,从而显著提升采收率。

(4) 蒸汽伴注泡沫的方式使得蒸汽前进速度较均匀,温度场发育均衡,驱油效率更高。

(5) 该高温泡沫体系在渤海×油田已实施水平井堵水5井次,成功率100%。矿场应用结果表明,高温起泡剂在地层具有良好的稳定性,在蒸汽吞吐井中能够起到封堵高渗通道,改善吸汽剖面,提高蒸汽热利用率,均衡蒸汽波及体积,进一步实现降水增油。

参 考 文 献

[1] 文权, 戎凯旋, 岳明, 等. 边水稠油油藏蒸汽吞吐泡沫堵水研究与应用[J]. 石油化工应用, 2023, 42(5): 37-43.

[2] 张义堂. 热力采油提高采收率技术[M]. 北京: 石油工业出版社, 2006: 207-214.

[3] 曾玉强, 刘蜀知, 王琴, 等. 稠油蒸汽吞吐开采技术研究概论[J]. 特种油气藏, 2006, 13(6): 5-9.

[4] 白斌杰, 李亚濉, 华玉军, 等. 泡沫堵调体系治理稠油油藏边底水的研究[J]. 内江科技, 2013, 4: 132-135.

[5] Zhao F, Wang K, Li G, et al. A review of high-temperature foam for improving steam flooding effect: mechanism and application of foam[J]. Energy technology, 2022, 10: 2100988.

[6] 曹绪龙, 马汉卿, 赵修太, 等. 不同含油饱和度时泡沫的稳定性及调驱机理研究[J]. 科学技术与工程, 2016, 16(5): 1671-1815.

[7] 吴轶君, 孙琳, 万芬. 高温下高矿化度对泡沫性能的影响[J]. 石油化工, 2017, 46(5): 619-625.

[8] 刑晓璇. 泡沫驱微观驱油机理及驱油效果[J]. 油气地质与采收率, 2020, 27(3): 106-112.

[9] Xi C, Qi Z, Zhang Y, et al. CO_2 assisted steam flooding in late steam flooding in heavy oil reservoirs[J]. Petroleum exploration and development, 2019, 46(6): 1242-1250.

一种新型驱油用黏弹性表面活性剂合成与性能研究

韩玉贵 赵 鹏 曹长霄 高 尚 吕 鹏

[中海石油（中国）有限公司天津分公司渤海石油研究院]

摘 要：部分水解聚丙烯酰胺（HPAM）是目前应用最广泛的驱油剂产品之一，但因其耐温抗盐性能较差和剪切降解等问题严重影响了矿场应用效果，而黏弹性表面活性剂（VES）因其具有较好的增黏性、耐温抗盐性及抗剪切性，具备作为新型驱油体系的潜能而广受关注。文章首先论述了黏弹性表面活性体系构筑机理，并以长碳链甜菜碱表面活性剂为基础，构筑了1套黏弹性表面活性剂溶液体系，利用流变仪和物理模拟实验技术系统地研究了体系的溶液性能和多孔介质中的驱油性能。实验结果证明该类体系具有良好的增黏性、耐盐性、流变性、长期热稳定性，以及驱油性能，在海上高温高盐油藏及中低渗油藏化学驱三次采油领域表现出较好的应用前景。

关键词：化学驱；黏弹性表面活性剂；流变性；驱油效率

Synthesis and Performance Study of a New Type of Viscoelastic Surfactant for Oil Displacement

Abstract: Partially hydrolyzed polyacrylamide (HPAM) is currently one of the most widely used oil displacement agent products, but its poor temperature and salt resistance, as well as shear degradation, seriously affect its application effect in mines. Viscoelastic surfactants (VES) have the potential to be a new oil displacement system due to their good viscosity enhancement, temperature and salt resistance, and shear resistance. The paper first discusses the construction mechanism of viscoelastic surface active system, and based on long carbon chain betaine surfactant, constructs a set of viscoelastic surface active agent solution system. The solution performance of the system and the oil displacement performance in porous media are systematically studied using rheometer and physical simulation experimental techniques. The experimental results demonstrate that this type of system has good viscosity enhancement, salt resistance, rheology, long-term thermal stability, and oil displacement performance. It shows good application prospects in the field of chemical flooding for tertiary oil recovery in high-temperature and high salt reservoirs and medium low permeability reservoirs at sea.

第一作者简介：韩玉贵，男，1978年出生，山东省郓城县，中海石油（中国）有限公司天津分公司渤海石油研究院，高级工程师，博士，主要从事化学驱提高采收率技术研究与实践。

Keywords: chemical flooding; viscoelastic surfactants; rheological properties; oil displacement efficiency

化学驱技术已经在大庆、胜利等陆上油田全面工业化推广应用，并且取得良好的降水增油效果。渤海油田自 2003 年开始，经过单井试验、井组扩大试验，于 2010 年实现工业化应用，采油速度提升明显。但化学驱实施过程中，水溶性聚丙烯酰胺类驱油剂在高温、高盐、高剪切条件下黏度急剧降低，严重影响化学驱油藏整体开发效果。近年来，表面活性剂溶液的一种特殊性能——黏弹性的研究和利用正受到广泛关注，特定的表面活性剂体系在一定条件下的水溶液中形成了一种可逆三维空间网络状结构聚集体形态，宏观上表现出类似聚合物溶液的黏弹性、剪切稀释性、触变性等，黏弹性表面活性剂溶液由于其具有的特殊流变性，在日化工业、洗涤、三次采油、油井增产、清洁压裂液等方面表现出巨大的应用潜力，成为采油工作者热点研究领域之一。

本文首先介绍了黏弹性表面活性剂体系构筑机理，并以自制的长碳链甜菜碱表面活性剂为基础，成功构筑了黏弹性表面活性剂溶液体系，且利用流变仪、物理模拟驱替技术系统考察了该类体系的增黏性能、剪切流变性、多孔介质中驱油性能，探索了黏弹性表面活性剂体系作为驱油剂在海上油田应用的技术可行性。

1 黏弹性表面活性剂体系设计理论

表面活性剂溶液的特殊流变性能是由其在溶液中通过自组装方式形成的聚集体表现出来的。由于不同结构的表面活性剂分子会自组装形成不同形状的聚集体，因此表面活性剂的分子结构与其胶束形态及溶液流变性能密切相关。1985 年，Israelachvili 提出了可根据表面活性剂分子结构参数判断其在溶液中形成聚集体类型的半定量参数——临界堆积参数 P（packing parameter），见式（1）：

$$P = \frac{V}{al} \tag{1}$$

式中 a——表面活性剂分子中亲水头基在溶液中的截面积，nm^2；

V——表面活性剂分子中疏水尾基在溶液中的体积，nm^3；

l——表面活性剂分子中疏水尾基在溶液构象状态下的长度，nm。

根据这一理论，当 $P<1/3$ 时，所得到的聚集体为球状胶束，大多数表面活性剂包括石油磺酸盐都属于这种类型；当 $1/3<P<1/2$ 时，则会得到棒状胶束或蠕虫状胶束，该类胶束宏观上表现出我们所需要的黏弹性；如果 P 值继续升高，则会分别得到囊泡、层状胶束和反胶束，见图 1。很显然，要使表面活性剂具有黏弹性，其在溶液中形成的聚集体应该为棒状，而要形成棒状聚集体，对应的 P 值应介于 1/3 和 1/2 之间。

由于目前尚缺乏关于表面活性剂各结构基团特别是亲水基团的定量面积、体积等参数，因此定量设计表面活性剂分子尚较为困难，但基于传统表面活性 $P<1/3$ 这一共识，

要想得到 1/3<P<1/2 的棒状胶束，在亲水头基固定的前提下，通过增加表面活性剂碳链长度可有效提高 P 值，使其更容易形成棒状胶束。

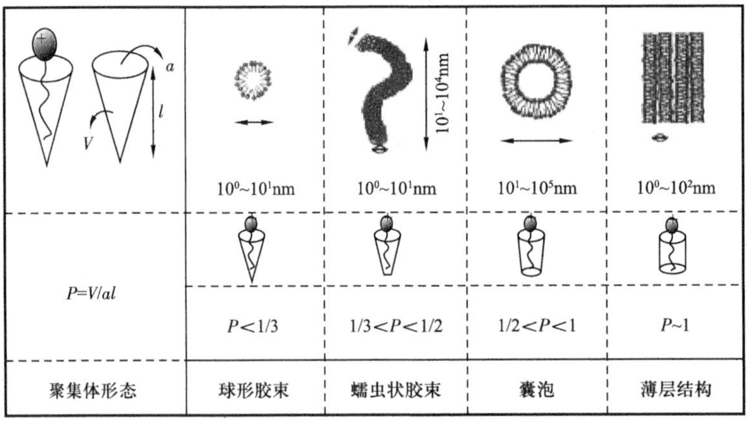

图 1 表面活性剂分子结构与胶束形态的关系

2 黏弹性表面活性剂体系构筑及性能评价

2.1 实验部分

实验材料：BTS（一种长碳链甜菜碱型表面活性剂，实验室自制）、HPAM（部分水解聚丙烯酰胺，北京恒聚化工集团有限公司生产，平均相对分子质量为 $2.1×10^7$，水解度 22.5%，固含量 89.8%）、氯化钠（AR级）、氯化钙（AR级）、氯化镁（AR级）。

溶液配制：在烧杯中依次加入一定量的模拟地层盐水、一定量的表面活性剂 BTS，放置 50℃恒温水浴中搅拌 2h，得到黏稠澄清的 VES 表面活性剂溶液。

流变性能测试：MCR301 型流变仪（同心轴圆筒 CC27 转子），测量前将样品置于 75℃水浴中静置 1h，然后继续在流变仪测量筒中恒温 5min，采用速率控制模式，剪切速率 $0.001\sim1000s^{-1}$，温度 75℃。

动态流变实验：采用振荡模式，频率扫描范围：$0.01\sim100rad·s^{-1}$，温度 75℃。

驱油效果测试：填砂管模型 $\phi2.5×30cm$，渗透率 1500mD，实验温度为 75℃，注入速度 0.5mL/min，首先水驱含水至 95%，转注 BTS 表面活性超分子溶液 0.3PV，转后续水驱至含水 98%，记录注入压力、产油、产水等数据。

2.2 实验结果与讨论

2.2.1 溶液增黏性及耐盐性

分别考察了质量分数与矿化度对 BTS 溶液的表观黏度影响关系，结果见图 2 和图 3。由图 2 发现随着质量分数的增加，BTS 溶液的黏度快速增加，表现出与 HPAM 聚合物类似的增黏性能，但BTS溶液的微观增黏机理与HPAM并不相同，BTS溶液增黏主要通过小分子的表面活性剂在溶液中首先自组装成蠕虫状胶束，随着浓度增加，蠕虫状胶束的长度和数量逐渐增大，当浓度超过胶束临界交叠浓度后，蠕虫状胶束之间发生相互缠绕，形成类似聚合物分子链相互缠绕的三维网络结构，溶液黏度大幅度增大；图3结果发现，矿化度对BTS溶液的增黏性基本没有影响，而HPAM聚合物溶液的黏度随着矿化度增加而大幅度损失，BTS溶液表现出良好的耐盐性能，因此BTS溶液具备在高盐油藏作为新型高效驱油剂的应用潜力。

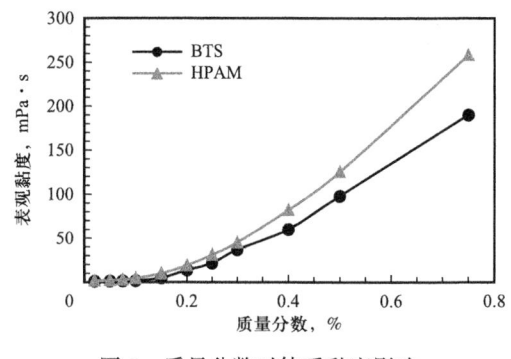

图2　质量分数对体系黏度影响

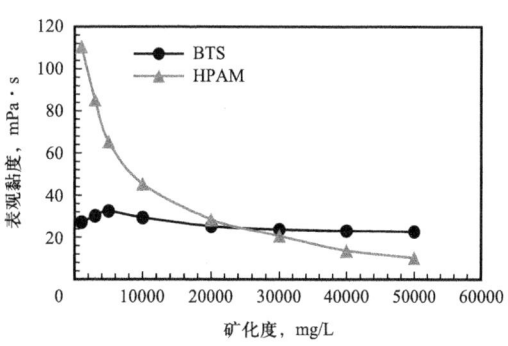

图3　矿化度对体系黏度影响

2.2.2　溶液流变性能测试

图4给出了BTS表面活性剂溶液的剪切黏度与剪切速率的关系，当剪切速率较低时，随着剪切速率升高，黏度变化不大，在此范围内出现了一个低剪切速率平台，即"第一牛顿平台"，在平台区将剪切速率外推至零所对应的黏度值即为溶液的零剪切黏度，BTS溶液的零剪切黏度高达6000mPa·s，如此高的零剪切黏度是由于蠕虫状胶束的相互缠绕而形成的。随着剪切速率增加，剪切黏度大幅度降低，表现出明显的剪切稀释特性，原因是随着剪切速率的增加，溶液中由表面活性剂自组装形成的长蠕虫状胶束和胶束缠绕形成的空间动态网状结构被破坏导致的。BTS溶液的动态流变实验（图5）也表明BTS溶液是一种黏弹性流体，在较低的角频率 ω 扫描时，BTS溶液的黏性模量大于弹性模量，

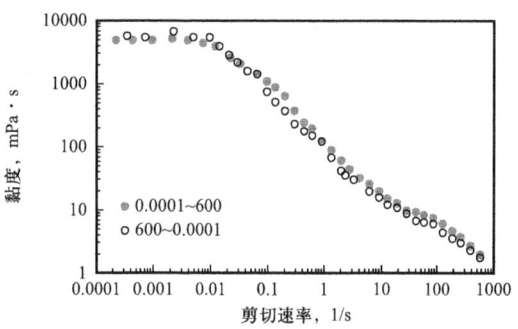

图4　剪切速率对体系黏度影响

在测试的角频率范围内，随着角频率增大时，黏性模量呈现增加后降低趋势，而弹性模量先快速增加后逐渐趋于稳定，当角频率增加到 $1\text{rad}\cdot\text{s}^{-1}$ 时，弹性模量值开始大于黏性模量，体系的黏弹性行为也表明了BTS表面活性剂在溶液中形成了空间三维网状结构的聚集体，因此表现出类似高分子量聚合物溶液的流变特性（图5）。

2.2.3 溶液表观黏度长期热稳定性

利用矿化度为 1.0% 的模拟盐水和海水配制的 BTS 溶液,在搅拌条件下通氮除氧 30min,然后置于 75℃ 烘箱中老化处理,考察两种溶液的长期热稳定性,测试结果见图 6。由测试结果发现,75℃ 老化 90d 后,两种水配置的 BTS 表面活性剂溶液的表观黏度都未出现明显降低,表现出很好的长期热稳定性。

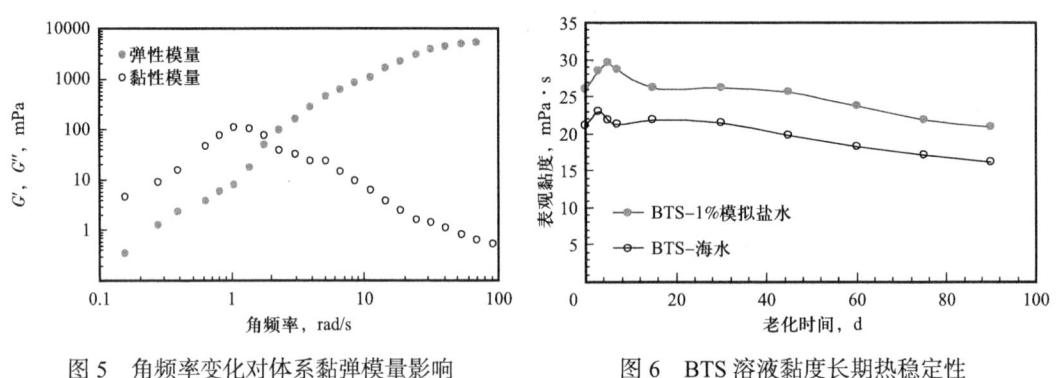

图 5 角频率变化对体系黏弹模量影响　　图 6 BTS 溶液黏度长期热稳定性

通过上述实验不难发现,BTS 表面活性剂溶液具有较好的增黏性和流变性,并且在耐盐性和长期热稳定性方面有效克服了传统聚丙烯酰胺类驱油剂性能的不足,具备作为新型高效驱油剂的潜力,因此,黏弹性表面活性剂驱油体系研究已成为热点研究领域之一。

2.2.4 驱油性能

驱油性能评价是考察黏弹性溶液体系应用效果的一个重要参数。采用均质的 $\phi 2.5 \times 30$cm 石英砂充填模型,渗透率 1000mD,75℃ 条件下开展驱油实验,首先水驱至含水至 95%,然后转注 BTS 表面活性剂溶液 0.3PV,最后转后续水驱至含水 98% 结束实验,记录驱替过程中采出液含油和含水数据,实验结果见图 7。由实验结果发现,转注 BTS 表面活性剂溶液 0.3PV 后,采出液含油增加、含水降低,出现明显的降水漏斗,采收率增加,表现出类似聚合物驱油的特征。

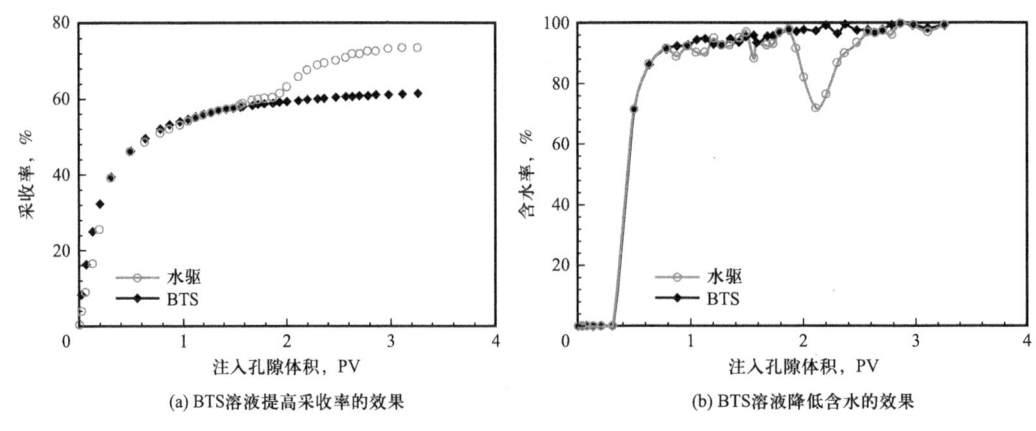

(a) BTS 溶液提高采收率的效果　　(b) BTS 溶液降低含水的效果

图 7 BTS 表面活性剂溶液的驱油效果

3 结论

本文针对常规化学驱技术存在的问题,立足渤海油田"油稠、水硬、强注强采"开发特点,以长碳链甜菜碱表面活性剂为基础,通过化学剂自组装行为成功构筑了一套黏弹性BTS超分子溶液体系,并利用流变仪和物理模拟实验室技术系统考察了BTS表面活性剂体系的黏弹性、剪切流变性、老化稳定性,以及多孔介质中的驱油性能,在75℃、1%模拟盐水和海水配置的BTS溶液中都表现出较好的增黏性和黏弹性,老化90d后体系的表观黏度没有发生明显降低,经过高速剪切后溶液表观黏度能够完全恢复,并且在多孔介质中具有较好的驱油性能,在海上油田三次采油领域表现出良好的应用潜力。

参考文献

[1] Hoffmann, H. Fascinating Phenomena in Surfact ant Chemistry [J]. Adv. Mater, 1994, 6 (2): 116-129.

[2] Chu Z, Feng Y, Su X, et al. Wormlike micelles and solution properties of a C_{22}-tailed amidosulfobetaine surfactant [J]. Langmuir, 2010, 26: 7783-7791.

[3] 徐亮,程玉桥. 高效自组装超分子驱油体系研究 [J]. 西南石油大学学报, 2012, 34 (6): 136-140.

[4] 韩玉贵,王业飞,李轶,等. 蠕虫状胶束的性能研究进展与油田应用 [J]. 应用化工, 2009, vol.48: 30-36.

[5] 韩玉贵,王秋霞,赵鹏,等. 甜菜碱表面活性剂EDAB与HPAM聚合物溶液的性能及驱油效果研究 [J]. 精细石油化工进展, 2018, 19 (4): 1-5.

[6] 韩玉贵,邹剑,张晓冉,等. 芥酸型两性表面活性剂与聚合物复配构筑高效黏弹性驱油体系 [J]. 石油钻采工艺, 2019, 41 (2): 254-258.

[7] 楚宗霖,张永民,韩玉贵,等. 长链阳离子表面活性剂蠕虫状胶束的剪切带转变行为研究 [J]. 化学学报, 2012, 70: 1551-1554.

[8] 韩玉贵,王业飞,王秋霞,等. 两性表面活性剂复配构筑的高效抗老化黏弹性驱油体系研究 [J]. 西安石油大学学报, 2019, 34 (4): 37-42.

[9] 韩玉贵,王业飞,邹剑,等. 芥酸型两性表面活性剂与聚合物复配构筑高效黏弹性驱油体系 [J]. 石油钻采工艺, 2019, vol.41 (2): 254-258.

聚驱后油藏深部定位调堵技术的研究与应用

吕杭 周泉 丁汝杰 李萍 乔岩 王俐超

[大庆油田有限责任公司采油工艺研究院（黑龙江省油气藏增产增注重点实验室）]

摘 要：聚驱后油藏经长期开采冲刷，深部优势渗流通道更加发育，亟需采取调堵措施进一步扩大波及体积，提高后续驱替效率。本文研发了低初黏凝胶调堵剂，通过自主合成束缚剂，促使聚合物高分子链卷曲，实现初始黏度低于10mPa·s；研发络合、电离平衡双控交联体系，实现成胶时间30d以上。岩心实验结果表明，体系具有较好地抗剪切性能，且分流改善效果显著，能够实现深部定位封堵。现场应用66口井，措施后注入压力提高2.63MPa，含水下降2.43个百分点。

关键词：聚驱后油藏；凝胶调堵剂；初始黏度；成胶时间；深部定位封堵

Research and Application of Deep Reservoir Location Plugging Control Technology after Polymer Flooding

Abstract: After the accumulation of polymer flooding, the deep dominant seepage channels are more developed after long-term exploitation, and it is urgent to take plugging control measures to further expand the swept volume and improve the subsequent displacement efficiency. In this paper, a low initial viscosity gel blocking agent was developed. Through the independent synthesis of binding agent, the polymer chain was crimped and the initial viscosity was lower than 10mPa·s. Research and development of complex, ionization balance double-controlled crosslinking system, to achieve glue formation time of more than 30 days. The core test results show that the system has a remarkable improvement effect on the distribution and can realize the deep positioning and sealing. 66 wells were used in the field, and the injection pressure increased by 2.63MPa after the measure, the water cut decreased by 2.43 percentage points.

Keywords: reservoir after polymer flooding; gel plugging agent; initial viscosity; gumming time; deep positioning and sealing

---

第一作者简介：吕杭，男，1985年11月出生，东北石油大学硕士研究生，大庆油田有限责任公司采油工艺研究院，高级工程师，主要从事新型调堵剂研发、调堵工艺优化和现场施工。

1 前言

聚合物驱油技术在油田应用上取得了较好的增油降水效果，但随着开发的深入，部分注聚区块进入后续水驱，油层非均质性更加突出，窜流更加严重。以某典型区块 S 为例，高渗透部位注聚后期吸液有效厚度比例从注聚初期的 86.5% 下降到 30.4%，而吸液比例增大了 16.2%；注聚后期采聚浓度大于 1000mg/L 的井占总井数的 54.2%，层内已经形成低效、无效循环，严重影响开发效果。必须在调、堵的基础上扩大波及体积，优先封堵地层深部优势渗流通道，控制无效循环，进一步扩大波及体积，提高中、低渗透层的驱油效率。

聚驱后调堵存在三大技术难题，一是现有的凝胶调堵剂初始黏度大于 50mPa·s，注入过程中易污染中、低渗透层；二是体系最长成胶时间仅 10d，"走"不远，难以实现优势渗流通道深部定位封堵；三是若降低初始黏度则不能保证体系最终的成胶强度，无法对高渗透层进行有效封堵。针对上述问题，本文设计了低初黏凝胶调堵剂，体系初始黏度低于 10mPa·s，"走"水窜流通道，可实现选择性封堵；成胶时间 30d 以上，可实现深部定位封堵；成胶黏度 2500mPa·s 以上，180d 黏损率小于 4%，可实现长期有效封堵。现场应用 66 口井，措施后注入端平均压力上升 2.63MPa 以上，油层平均动用程度提高 12.4 个百分点，剖面动用更加均匀；采出端含水下降 2.43 个百分点，累计增油 5×10^4t 以上，取得了较好的增油降水效果。

2 低初黏凝胶调堵剂体系的研发

基于高分子物理、化学合成理论，通过聚合物分子构象卷曲机制降低初始黏度、"双控交联反应"机制控制成胶时间、双交联互穿网络机制提高终黏等技术手段，研制出了低初黏凝胶调堵剂体系。

2.1 通过聚合物分子构象卷曲，实现调堵剂初始黏度大幅下降

常规凝胶体系聚合物分子链属直链结构，自然伸展，体系初始黏度高。设计采用了一种多氨基环形分子作为调节剂，通过氢键与聚合物分子中的—COOH 键接，使聚合物分子链构象由直链变为卷曲，从而降低了初始黏度（图1）。实验结果表明，随"多氨基环形分子"调节剂加入量增大，聚合物分子半径减小，体系黏度下降，当调节剂浓度为 1200mg/L 时，体系黏度由 68mPa·s 下降至 18.2mPa·s，降幅达 73.24%，保证了调堵剂进入中、低渗透层，实现选择性封堵（图2）。

2.2 利用"双控交联反应速度"，实现调堵剂成胶时间 30d 以上

采用强螯合配位体，螯合交联剂中金属离子，控制交联离子的释放速度；同时通过—COOH 基团酸碱电离平衡，控制羧酸基团转化为羧酸根基团参与交联反应。最终依据络

合、电离平衡双控交联反应体系（图3），实现了成胶时间30d以上，保证了调堵剂进入到地层深部。

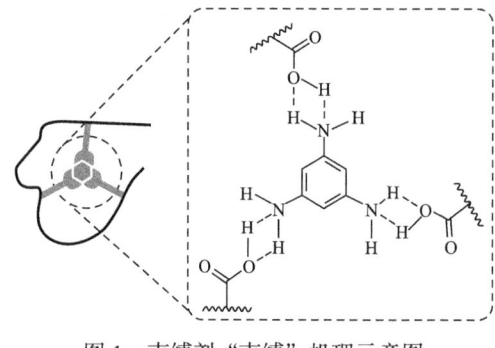

图1 束缚剂"束缚"机理示意图

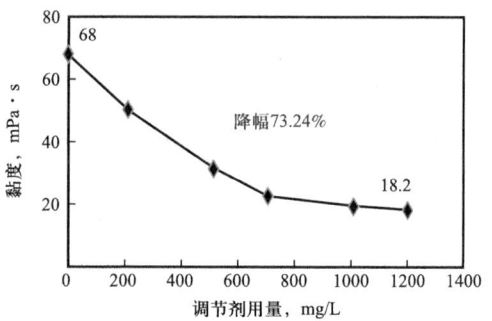

图2 聚合物加入调节剂后黏度变化

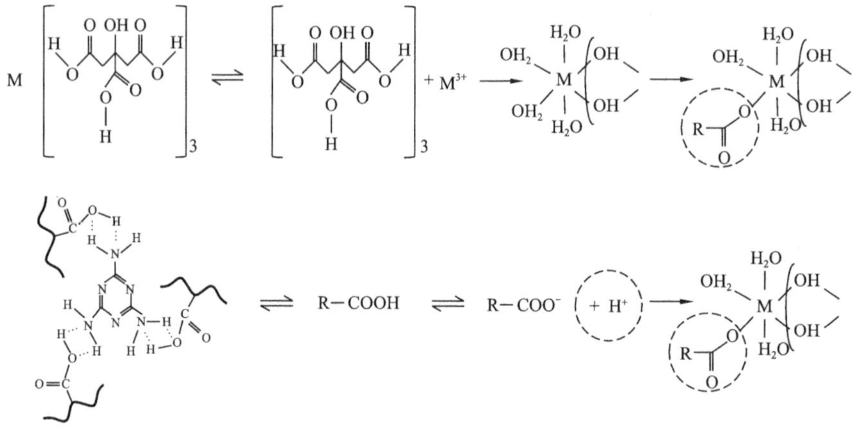

图3 "双控交联体系"原理示意图

2.3 形成双交联互穿网络，实现成胶黏度2500mPa·s以上

采用一种带有球状胶束的表面活性剂作为增强剂，在聚合物和交联剂原交联反应基础上，形成双网络互穿结构。室内通过动态光散射得到500mg/L的表面活性剂水溶液流体力学半径分布，从结果可以看出，该溶液所含粒子的流体力学半径主要分布在260nm附近，远远大于单个表面活性剂分子的尺寸（3～5nm）（图4），表明该表面活性剂可以在水中形成球状胶束，从而可以通过氢键作用链接丙烯酰胺分子链上的—COOH基团，形成物理交联点，在原有的化学交联网络以外再形成另一套物理网络，最终提高体系的终黏，保证了封堵强度（图5）。

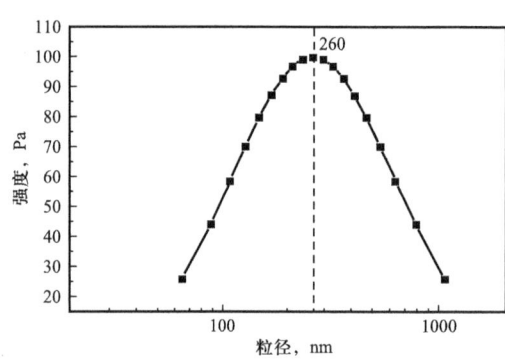

图4 表面活性剂水溶液流体力学半径分布

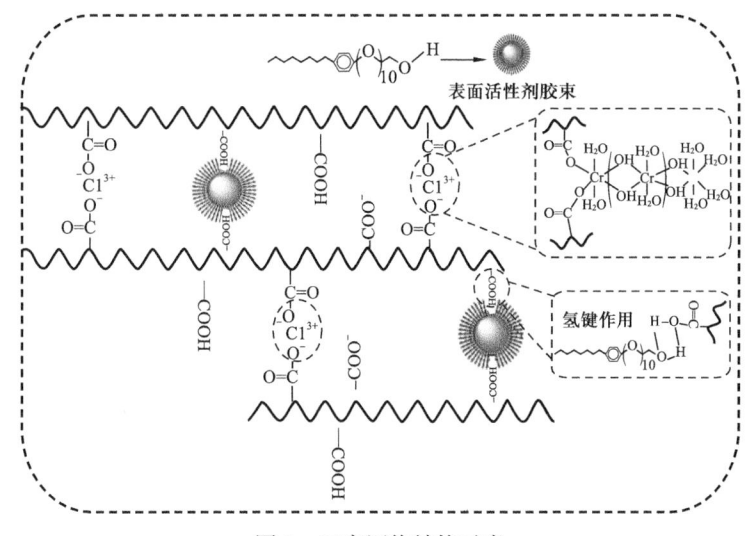

图 5　互穿网络结构示意

2.4　形成了系列低初黏凝胶调堵剂体系，可实现深部定位调堵

基于低初黏凝胶反应原理，经过室内优化调整，形成了系列低初黏凝胶调堵剂体系，其初始黏度低于 10mPa·s，成胶时间 30d 以上，终黏 2500mPa·s 以上，180d 黏损率小于 4%，可实现油层深部不同位置定位封堵（表 1）。

表 1　系列低初黏凝胶调堵剂体系成胶性能表

序号	黏度，mPa·s									
	初黏	5d	10d	20d	30d	40d	50d	70d	100d	180d
1	9.96	11.15	291.4	1985	3915	3914	3910	3908	3905	3859
2	9.95	12.58	21.22	295.4	1601	3281	3280	3274	3270	3195
3	9.89	10.95	16.85	189.5	295.5	1212	2858	2855	2850	2803
4	9.97	11.42	28.88	41.35	88.88	298.7	988	2611	2603	2508

3　低初黏凝胶调堵剂体系性能评价

为评价低初黏凝胶调堵剂体系性能，开展了抗剪切、三管岩心分流及驱油室内评价研究。

3.1　低初黏凝胶调堵剂体系抗剪切性能评价实验

利用混调器对常规凝胶与低初黏凝胶进行了不同轮次的剪切实验（表 2），考察不同凝胶体系在剪切后的黏度变化。结果表明，低初黏凝胶调堵剂剪切放置后黏度均有恢复上升，且剪切后放置时间越长，黏度增长率越高，经过3次剪切后放置180d黏度保留率依然可以达到32%以上（图6），而常规凝胶剪切放置后黏度无恢复特性，且时间越长黏度损失率越高，经过3次剪切后放置180d黏度保留率仅为4.2%（图7）。说明低初黏凝胶调堵剂具有很好的抗剪切和延缓交联的特性。

表2 常规凝胶与低初黏凝胶剪切实验表

凝胶体系	混调器 1500r/min 剪切 20s							
1000mg/L 常规	剪切前黏度 mPa·s	第一次剪切黏度 mPa·s	放置15d 后黏度 mPa·s	第二次剪切黏度 mPa·s	放置15d 后黏度 mPa·s	第三次剪切黏度 mPa·s	放置15d 后黏度 mPa·s	放置180d 后黏度 mPa·s
1000mg/L 低初黏								

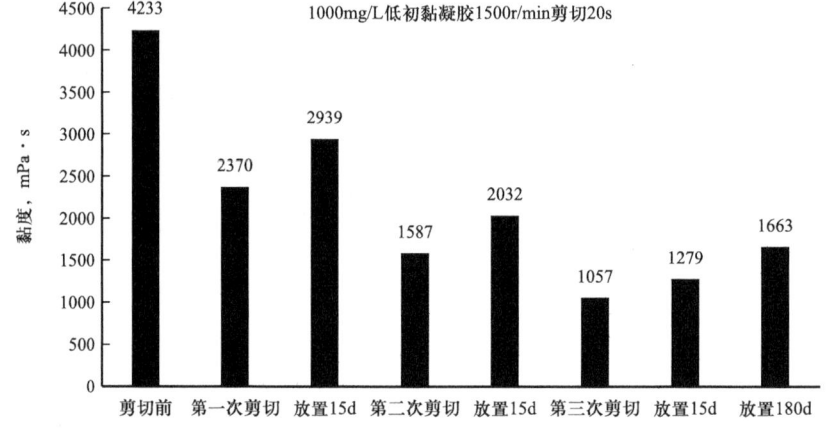

图6 1000mg/L 低初黏凝胶不同轮次剪切黏度变化图

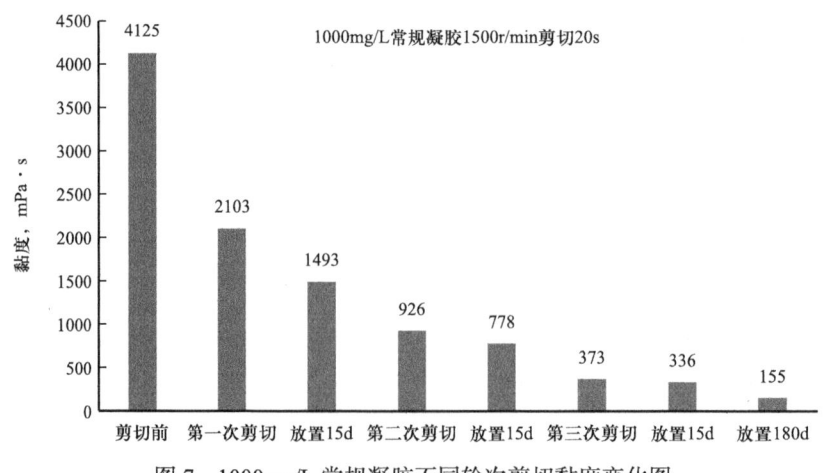

图7 1000mg/L 常规凝胶不同轮次剪切黏度变化图

3.2 低初黏凝胶调堵剂体系三管岩心分流率实验

根据某油田聚驱后20口取心井资料，计算了全区渗透率分级及厚度比例平均值，据此设计了物理模型（表3）。

表3 物理模型设计参数

层位	厚度，cm	长度，cm	空气渗透率，mD
低渗层	2.0	30	500
中渗层	4.5	30	2000
高渗层	1.8	30	4000

采用自制三管岩心驱替模型装置开展了正交分流实验（图8），考察体系的最佳注入参数，正交设计因素为注入速度、注入浓度和注入量，其中注入量三水平为0.1PV、0.2PV和0.3PV；注入浓度三水平为500mg/L、1000mg/L和1500mg/L；注入速度二水平为1.2mL/min和0.6mL/min（表4）。

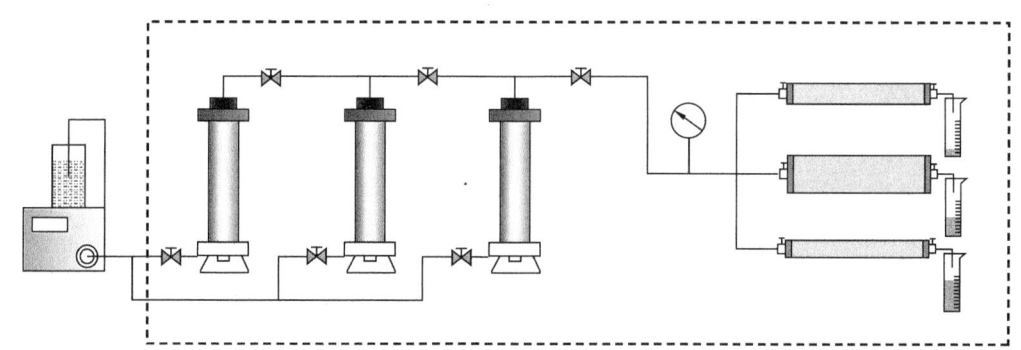

图8 三管岩心驱替装置示意图

表4 低初黏凝胶调剖剂注入参数优选实验方案表

三管岩心	实验号	1	2	3	4	5	6
岩心注入数据	凝胶注入量，PV	0.1	0.1	0.2	0.2	0.3	0.3
	凝胶注入浓度，mg/L	500	1000	500	1500	1000	1500
	凝胶注入速度，mL/min	0.6	1.2	1.2	0.6	0.6	1.2

实验过程分为1PV的水驱注入、0.57PV的聚驱注入、1PV的聚驱后水驱注入、不同注入参数下的凝胶驱注入和2PV的凝胶后水驱注入五部分，实验中录取不同阶段的分流率数据（图9～图14）。

依据上述6组实验结果，利用极差分析法中的直观分析法对三管岩心6组实验进行极差分析，最终确定注入量0.1PV、注入浓度1000mg/L、注入速度0.6mL/min为最优的注入参数组合。

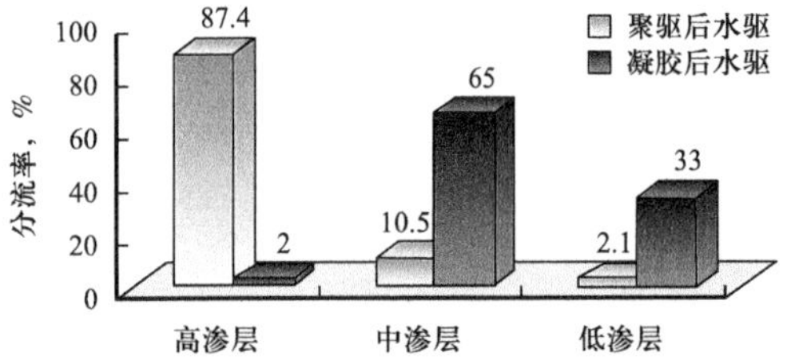

图 9　实验 1 分流结果

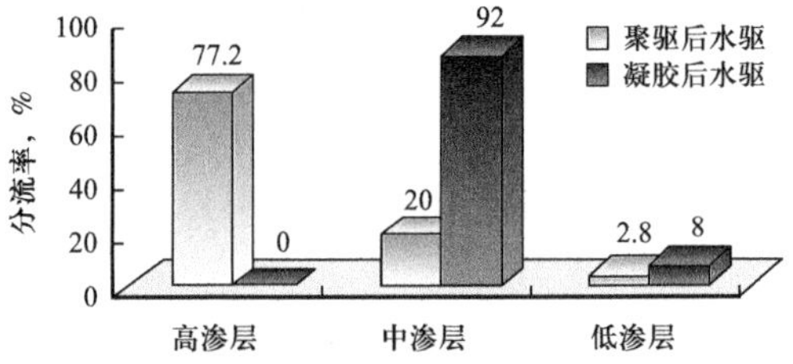

图 10　实验 2 分流结果

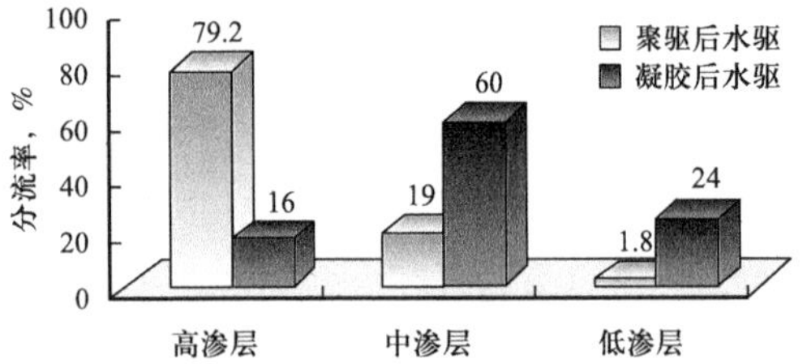

图 11　实验 3 分流结果

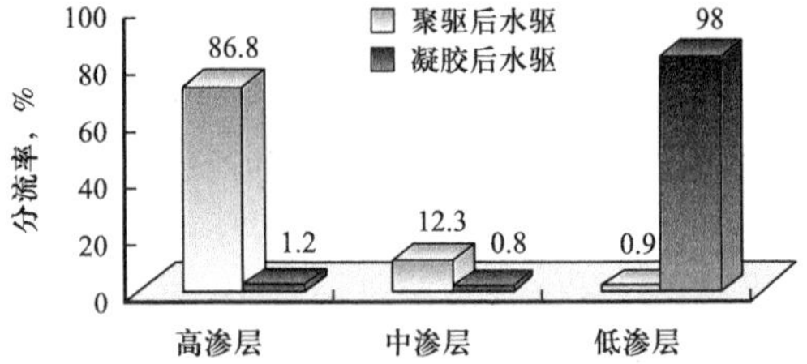

图 12　实验 4 分流结果

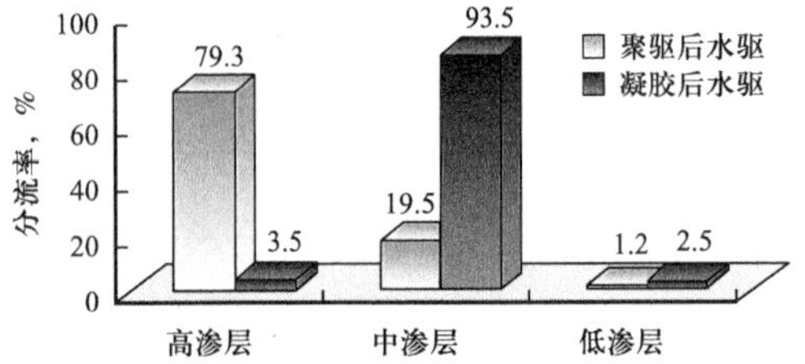

图 13　实验 5 分流结果

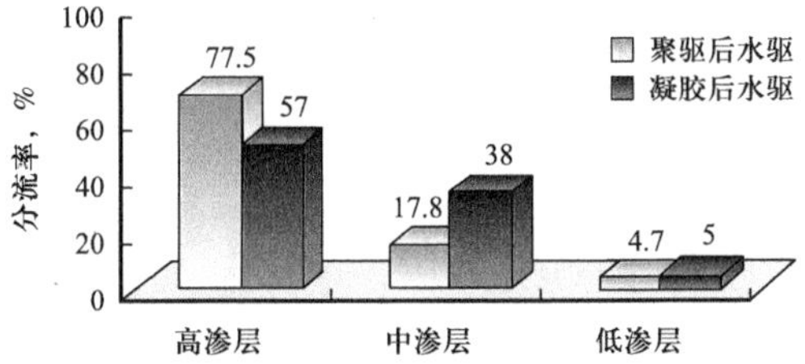

图 14　实验 6 分流结果

最优注入参数下三管岩心注水时高、中、低分流率差异较大，注入水大部分经高渗透层窜流，高渗透层岩心分流率达 76.8%；注入聚合物后再注入水，高渗透层分流率下降至 72.7%，仅下降了 4.1 个百分点；而注入低初黏凝胶后再注入水，高渗透层分流率下降至 0.7%，下降了 76.1 个百分点，中、低渗透层大幅度增加，表明低初黏凝胶调堵剂实现了"走"水窜通道、封堵高渗透层，不污染中、低渗透层，且具有较好的封堵性能（图 15）。

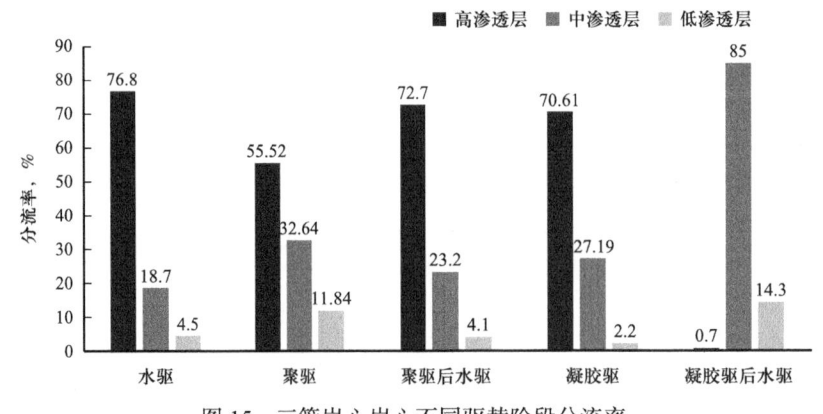

图 15　三管岩心岩心不同驱替阶段分流率

3.3 低初黏凝胶调堵剂体系三管岩心驱油实验

采用上述三管岩心驱替模型装置进行了岩心驱油实验,考察不同调堵时机对驱油效果的影响,实验设计 4 个聚驱后不同轮次调堵方案(表 5),其中聚驱后的接续驱替剂采用 2500×10^4 相对分子质量、浓度为 2500mg/L 的聚合物进行驱替,实验过程记录不同阶段的采收率及含水变化。

表 5 低初黏凝胶调堵剂驱油实验方案表

方案	水驱采收率 %	聚驱采收率提高值 %	调堵后高浓度聚驱采收率提高值 %	含水最低值 %	总采收率 %
0.1PV 凝胶 +0.7PV 聚驱	37.9	18.1	13.6	80.58	69.6
0.05PV 凝胶 +0.2PV 聚驱 +0.05PV 凝胶 +0.5PV 聚驱	37.37	18.62	15.69	79.2	71.68
0.03PV 凝胶 +0.2PV 聚驱 +0.07PV 凝胶 +0.5PV 聚驱	37.93	17.64	15.32	79.8	70.89
0.07PV 凝胶 +0.2PV 聚驱 +0.03PV 凝胶 +0.5PV 聚驱	37.78	17.9	17.04	78.42	72.71

从实验结果可以看出,聚驱后采用前置 0.07PV 调堵剂、后置 0.03PV 调堵剂的双轮次调堵注入方式,调堵后采收率可提高 17.04 个百分点,总采收率可达 72.71%,且含水下降幅度最大(图 16、图 17)。

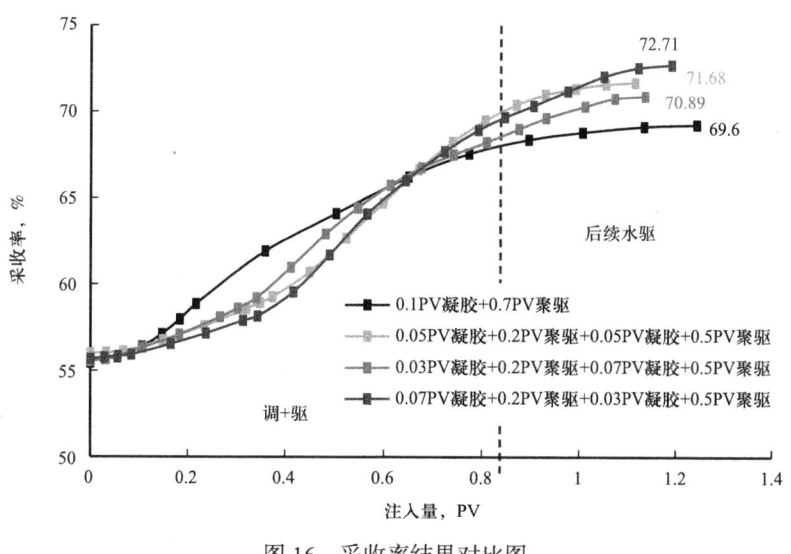

图 16 采收率结果对比图

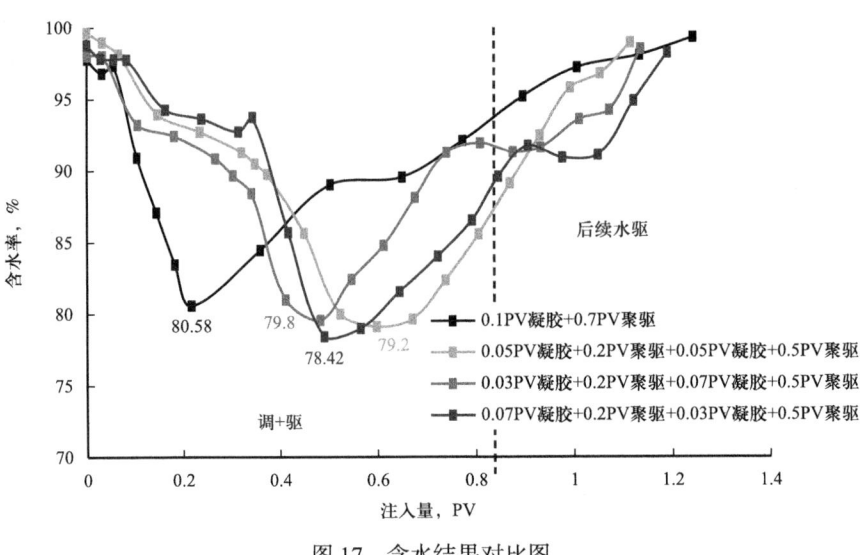

图 17 含水结果对比图

4 现场应用

针对某油田聚驱后区块油藏及生产特点,开展了一个 66 注 87 采区块(调堵 + 高浓度聚驱)低初黏凝胶调堵剂体系的现场试验,试验区块地质储量 557.897×10^4 t,孔隙体积 $918.846 \times 10^4 m^3$,井距 125m,有效厚度 14.62m,平均渗透率 606mD(表 6)。通过对区块试验数据及效果分析,验证了体系可实现油藏深部定位封堵。

表 6 现场试验区块基础参数

项目	区块参数
含油面积,km^2	2.29
地质储量,10^4t	557.897
孔隙体积,$10^4 m^3$	918.846
井距,m	125
砂岩厚度,m	18.33
有效厚度,m	14.62
平均渗透率,mD	606
注采井数,口	66 注 87 采
综合含水率,%	98.1
注水井平均单井调剖厚度,m	5.0
调剖半径,m	60

4.1 低初黏调堵段塞设计

根据低初黏凝胶调堵剂性能特点,设计分四个段塞注入体系,共计注入 0.096PV(表 7)。

表 7 低初黏凝胶调堵剂体系段塞注入设计

注入阶段	注入浓度,mg/L	注入孔隙体积,PV	段塞设计目的
第一段塞	聚合物溶液 2500	0.012	进入油层封堵高渗透层,以降低调堵工艺前期对凝胶体系的稀释
第二段塞	调堵剂 500~1000	0.05	利用其初始黏度低、延缓性能好的特点进入地层深部提高地层渗流阻力、调整剖面
第三段塞	调堵剂 1000	0.025	对近井地带的大孔道、高渗透层进行封堵,保证注入压力达到预期的升压目的
第四段塞	调堵剂 2500~3000	0.009	承受较大的注入压差,保证调剖有效期

4.2 试验分析

4.2.1 注入端效果

措施后注入压力提高了 2.63MPa,统计对比了试验区注低初黏阶段和空白水驱阶段剖面动用情况,从不同渗透率动用对比中可以看出,调堵后小于 300mD 油层提高 14.1%,300~500mD 油层动用提高 15.7%,全区提高 12.4%,剖面动用更加均匀(图 18)。

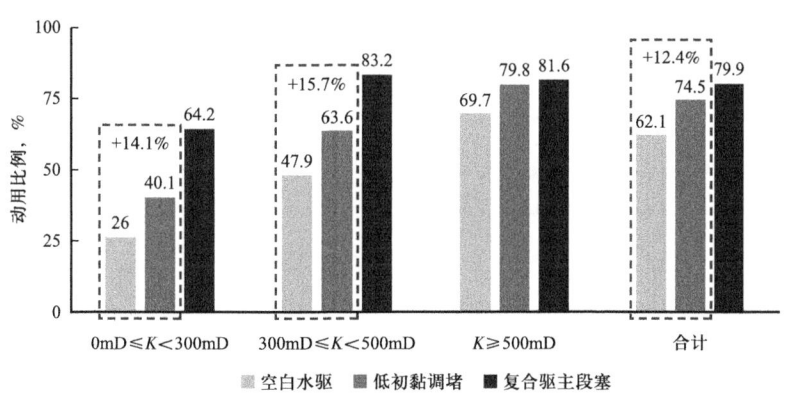

图 18 试验区不同渗透率动用对比

以 2 口单井为例,井 1 措施前主要窜流部位在调后得到了有效控制,相对吸水量由 68.42% 降至 31.92%。目前相对吸水量为 25.67%;同时新增两个吸水层位(图 19);井 2 措施前主要吸水层位相对吸水量由 40.21% 降至措施后的 4.62%,目前降至 3.82%,下降了 36.39 个百分点;两个小层的相对吸水量增加了近 25 个百分点,剖面改善效果显著(图 20)。

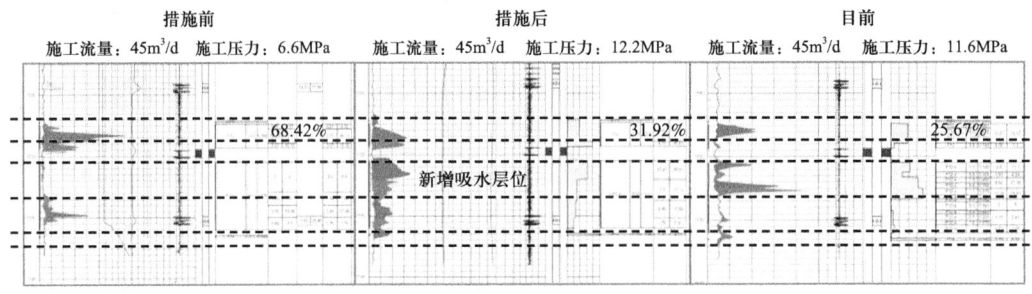

图 19　井 1 调前调后剖面测试数据对比

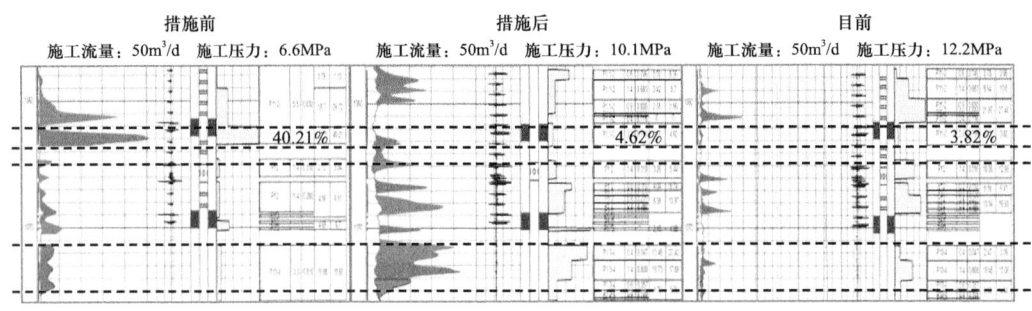

图 20　井 2 调前调后剖面测试数据对比

4.2.2　采出端效果

目前全区平均日产油 164t/d，含水下降 2.43 个百分点，取得了较好的增油降水效果，且含水有持续下降趋势（图 21）。

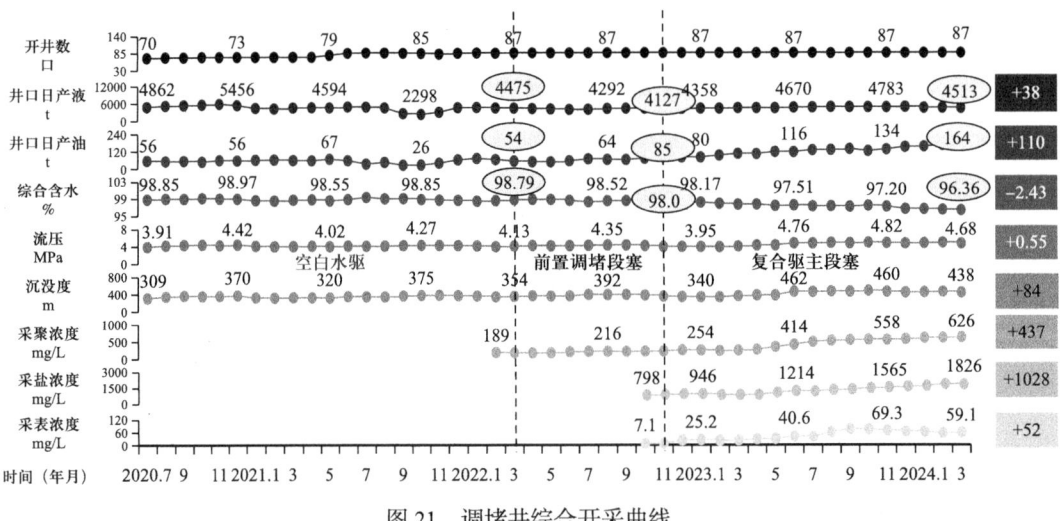

图 21　调堵井综合开采曲线

4.2.3　井组分析

以区块中一个 6 注 10 采井组为例，进行了调前调后日产液量对比分析。从分析结果可以看出，调前主流线方向为采出井8、采出井7、采出井5，调后液量下降57t/d以上。采出井3、采出井10液量上升变为主流方向；采出井9、采出井6未发生变化；表明低初黏凝胶调堵剂可在地层深部起到液流转向作用（图22）。

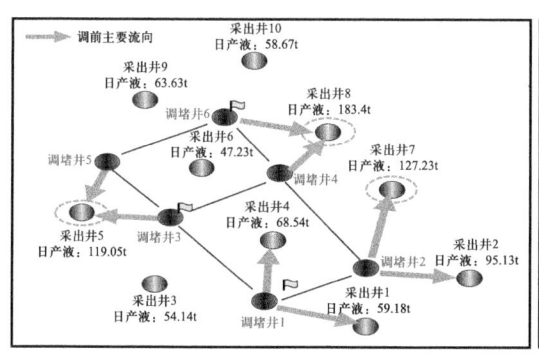 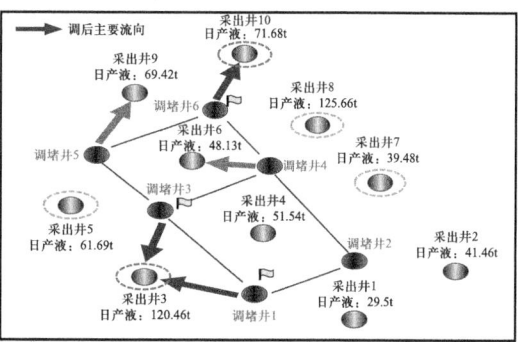

图22 井组调前调后日产液量对比

5 结论

（1）研制了低初黏凝胶调堵剂体系，通过建立聚合物分子构象卷曲机制、"双控交联反应"机制和双交联互穿网络机制，实现凝胶初始黏度低于10mPa·s，成胶时间30d以上，成胶黏度2500mPa·s以上，达到了油层深部定位调堵目的。

（2）室内抗剪切性能评价实验结果表明，低初黏凝胶调堵剂经剪切后具有自修复性能，三次剪切后放置180d黏度保留率依然可以达到32%以上，与常规凝胶调堵剂相比性能优势显著。

（3）室内三管岩心实验结果表明，低初黏凝胶调堵剂体系可进入油层深部对高渗透通道进行有效封堵，同时不污染中、低渗透层，且具有较好的封堵性能。

（4）现场试验措施后注入端注入压力提高2.63MPa，全区动用比例提高12.4%，剖面动用更加均匀；采出端含水下降2.43个百分点，增油降水效果显著；表明低初黏凝胶实现了深部定位调堵，起到了深部液流转向作用。

参 考 文 献

[1] 刘国超. 聚驱后优势渗流通道分布特征及封堵方法[J]. 石油化工高等学校学报，2021（4）：46-52.

[2] 廖广志，王强，王红庄，等. 化学驱开发现状与前景展望[J]. 石油学报，2017，38（2）：196-207.

[3] 卢祥国，何欣，曹豹，等. 聚合物驱吸液剖面反转机制、应对方法及实践效果[J]. 石油学报，2023，44（6）：962-974.

[4] 何金钢，袁琳. 聚驱后聚表剂"调驱堵压"调整技术研究[J]. 西南石油大学学报（自然科学版），2021（3）：165-174.

[5] 孙天宇，邵明鲁，赵红雨，等. 油藏深部调剖－驱油技术[J]. 油田化学，2023，40（4）：743-749，760.

[6] 张同凯.砂岩油藏窜流通道调堵剂研究进展［J］.油田化学，2018，35（4）：726-730.
[7] 熊春明，唐孝芬.国内外堵水调剖技术最新进展及发展趋势［J］.石油勘探与开发，2007（1）：83-88.
[8] 陈利新，姜振学，李彬儒，等.碳酸盐岩油藏聚合物凝胶调堵体系的性能评价及应用［J］.中国石油大学学报（自然科学版），2023，47（2）：115-122.

驱油用两亲性聚合物的制备与性能评价

潘峰 杨莉 曹瑞波 李勃 王源

[国家能源陆相砂岩老油田持续开采研发中心（大庆油田有限责任公司勘探开发研究院）]

摘 要：为解决污水条件下聚合物性能变差，用量大幅增加，开发效率低的问题，本文以丙烯酰胺（AM）、十二烷基聚氧乙烯（23）醚丙烯酸酯、二辛基丙烯酰胺为单体，采用水溶液自由基共聚后NaOH水解的方法，制备了一种适用于低渗透油层的两亲性聚合物A。对比评价了聚合物A与同相对分子质量的部分水解聚丙烯酰胺应用性能。评价结果表明，聚合物A的基础理化指标符合产品技术要求。相同条件下增黏、抗盐等性能优于对比聚合物。可降低油水界面张力，与原油形成水包油（O/W）型乳液，乳化析水性能满足低透油藏需求。1000mg/L的聚合物A溶液可顺利注入渗透率约$100\times10^{-3}\mu m$的岩心，0.7PV用量下的驱油实验可提高采收率15%，比对比聚合物高出5个百分点。

关键词：聚合物驱；两亲性聚合物；制备；性能评价；提高采收率

Preparation and Performance Evaluation of an Amphiphilic Polymer for Oil Displacement

Abstract: In order to solve the problems of poor polymer performance, high polymer consumption and low development efficiency under sewage, an amphiphilic polymer was prepared with acrylamide, dodecyl polyoxyethylene (23) ether acrylate and dioctylacrylamide by NaOH hydrolysis after free radical copolymerization in aqueous solution. The properties of the polymer were compared with those of partially hydrolyzed polyacrylamide of the same molecular weight. Results show that the basic properties of the polymer meet the technical requirements of the product. Under the same conditions, the viscosity increasing ability and salt-tolerance are better than those of the contrast polymer. It can form "O/W" emulsion with crude oil, and the emulsification and water extraction performance can meet the needs of low permeability reservoirs. The 1000mg/L polymer solution can be successfully injected into the core with a permeability of about $100\times10^{-3}\mu m$, and the oil recovery rate can be increased by 15% at 0.7PV, which is 5 percentage points higher than the comparison polymers.

Keywords: polymer flooding; amphiphilic polymer; preparation; performance evaluation; enhanced oil recovery

---

第一作者简介：潘峰，男，1985年9月出生。毕业于吉林大学化学学院，大庆油田有限责任公司勘探开发研究院，高级工程师，主要从事化学驱油机理和驱油剂研制研究。

近年来,渗透率低于 $200\times10^{-3}\mu m^2$ 的油藏成为大庆油田聚合物驱开发的重点对象。此类低渗透油藏地质储量约 18.6 亿吨,占大庆油田总地质储量的 44.6%,是大庆油田重要的接替潜力。实现低渗透油藏的高效开发,关系到大庆油田的持续稳产,是大庆油田聚合物驱的重点攻关方向。

低渗透油藏由于渗透率较低,储层孔喉半径较小,聚合物溶液需降低相对分子质量和注入浓度,才能进入油藏内部发挥驱油作用。但相对分子质量和注入浓度的下调,会降低聚合物黏弹性驱油机理,使得原油采收率提高幅度有限。同时,油田利用采油污水来配制和稀释聚合物溶液,以实现污水的循环利用。采油污水的高矿化度、弱碱性、复杂离子组分和多种微生物菌落会加速聚合物分子链双电层的压缩,促进分子链水解和断裂,使其驱油性能进一步大幅下降,导致聚合物用量大幅上升,聚合物驱开发技术、经济效益大幅下滑。

两亲性聚合物是在亲水性的聚丙烯酰胺分子链上引入表面活性单体,使得同一分子链上含有亲水链段和亲油链段,聚合物兼具黏弹性和表面活性双重功效,可协同提高原油采收率。为进一步提高低渗透油藏聚合物驱采收率,开展了两亲性聚合物 A 的自主研发和性能评价。通过在聚丙烯酰胺分子链上引入十二烷基聚氧乙烯(23)醚丙烯酸酯单体和二辛基丙烯酰胺单体,成功研发出两亲性聚合物 A(图 1),并开展其与相近相对分子质量聚丙烯酰胺的性能对比评价。

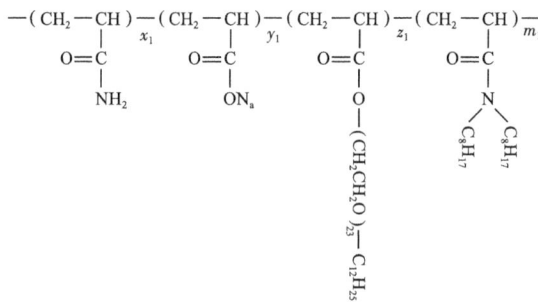

图 1 两亲性聚合物 A 的分子结构示意图

1 实验部分

1.1 材料与仪器

丙烯酰胺单体,分析纯,天津科密欧;十二烷基聚氧乙烯(23)醚丙烯酸酯单体,自研,纯度 97.9%;二辛基丙烯酰胺单体,自研,纯度 97.6%;过硫酸钾、亚硫酸氢钠,分析纯,国药集团;偶氮二异丙基咪唑啉盐酸盐 Va-044、NaOH、尿素、异丙醇,分析纯,天津光复;部分水解聚丙烯酰胺(HPAM),相对分子质量约 8×10^6,固含量 90%,水解度 22.5%,大庆炼化生产;现场清水河污水取自某联合站,经脱脂棉过滤后使用;模拟原油为联合站外输原油与航空煤油比例配制，黏度 9~10mPa·s；低渗透天然岩心，取自天然储层砂岩，直径约 2.5cm，长度约 10cm，有效渗透率 100~200mD。

DL3200 电子天平，德国 Sartorius；SYD-2560 乌氏黏度计，北京绿野创能；DV-ⅡPro+ 黏度计，美国 Brookfield；TVT2 型界面张力仪器，德国 LAUDA；QY-C12 多功能聚合物驱油装置，江苏华安科技有限公司。

1.2 聚合物制备

按照配比称取原料。在搅拌条件下，先将丙烯酰胺和小分子助剂加入到去离子水中，搅拌至充分溶解。加入十二烷基聚氧乙烯（23）醚丙烯酸酯，完全溶解后再加入二辛基丙烯酰胺，继续搅拌至完全溶解。加入质量分数为 50% 的 NaOH 溶液，调节溶液 pH 值为 7.0~8.0，得到反应液。调控反应液温度 0~5℃，加入一定量的消泡剂，通氮气（N_2）除氧 20min；加入引发剂 Va-044 溶液 5min 后，再加 $K_2S_2O_8$—$NaHSO_3$ 引发体系继续通 N_2 直至反应液变得黏稠。保温进行聚合反应，待温度降至室温后，取出胶块进行切割造粒，按水解度 22.5% 混入 NaOH 颗粒于 90℃烘箱中水解 2h 后，再经烘干、粉碎和筛分，得到聚合物 A 粉末。

1.3 性能评价

选取大庆炼化生产的驱油用部分水解聚丙烯酰胺进行对比评价，该聚合物相对分子质量约 8×10^6，固含量 90%，水解度 22.5%。对比评价了两者的增黏、抗盐、乳化、注入能力和驱油效率等应用性能。

1.3.1 基础理化性能

依据 SY/T 5862—2020《驱油用聚合物技术要求》，评价了两种聚合物的相对分子质量、固含量、水解度、水不溶物、过滤因子、表观黏度和溶解速度等性能指标。本研究的黏度均采用 DV-ⅡPro+ 型布氏黏度计，选取 $0^{\#}$ 转子，剪切速率 $6s^{-1}$，测试温度 45℃。

1.3.2 增黏性能

采用现场清水配制 5000mg/L 的聚合物母液，静置熟化 12h 后，利用现场污水稀释配制 200~2000mg/L 的溶液。利用黏度计测量稀释液的黏度，并绘制黏度—浓度关系曲线。

1.3.3 抗盐性能

采用现场清水配制 5000mg/L 的聚合物母液，静置熟化 12h 后，用模拟污水（质量分数 2.0% 的 NaCl 溶液）将上述母液稀释成 50g，浓度 1000mg/L，矿化度（质量分数）分别为 0.095%、0.241%、0.4%、0.7% 和 1.0% 的聚合物溶液。测定不同矿化度聚合物溶液的黏度后，以矿化度（质量分数）0.095% 的聚合物溶液黏度为基准，将各矿化度聚合物溶液的黏度与之相除，绘制黏度保留率随矿化度变化曲线。

1.3.4 界面张力与乳化性能

采用现场清水配制 5000mg/L 的聚合物母液，静置熟化 12h 后，利用现场污水稀释配制 1000mg/L 的溶液。

界面张力：将稀释溶液、脱水原油、界面张力仪水浴均预热至 45℃后，在样品池装入待测溶液，用 U 型注射器吸取脱水原油，安装回测量位置后启动测量。每个样品测量 10 滴，取中位数为测定结果。

乳化类型及乳化析水率：在 25mL 具塞比色管中加入 10mL 聚合物溶液和 10mL 脱水原油，读取具塞比色管下层水相体积，标记为 V_1。将具塞比色管放置在 45℃恒温箱中预热 1h；用力振荡具塞比色管 100 次，使油水充分混合，立即用胶头滴管移取 1 滴乳状液，滴入到装有 45℃去离子水的烧杯中，轻轻晃动烧杯，观察油滴是否分散。若乳状液快速分散即为水包油（O/W）型；若乳状液不分散，为油包水（W/O）型。读取不同静置时间下具塞比色管下层水相体积，标记为 V_2，乳化析水率 $P_w=V_2/V_1×100\%$。

1.3.5 注入能力

通过流动实验，测量聚合物溶液在低渗透岩心中的注入能力。聚合物溶液采用现场清水配制浓度为 5000mg/L 的母液，然后用现场污水稀释成浓度 1000mg/L 的溶液。利用多功能聚合物驱油装置，开展 45℃天然岩心流动实验。在测定岩心的长度、直径规格参数后，将岩心置于岩心加持器中，抽真空 2h。饱和现场污水，测定岩心的孔隙体积和有效渗透率。以 0.2cm³/min 的速率开展注水、注聚和后继注水，记录注入压力平稳时的数差。计算阻力系数 F_r 和残余阻力系数 F_{rr}。

1.3.6 驱油效率

通过物理模拟驱油实验，测定聚合物驱油的采收率提高值来衡量其驱油效率。聚合物溶液采用现场清水配制 5000mg/L 的母液，然后用现场污水稀释至 1000mg/L。利用多功能聚合物驱油装置，开展 45℃天然岩心驱油实验。在测定岩心的长度、直径规格参数后，将岩心置于岩心加持器中，抽真空 2h。饱和现场污水，测定岩心的孔隙体积和有效渗透率。饱和模拟原油直至产出液含水率为 0，记录饱和油体积并计算含油饱和度。以 0.2cm³/min 的速率开展水驱、聚驱和后继水驱，记录各阶段产油量，并计算采收率提高值。

2 结果与讨论

2.1 基础理化性能

两种聚合物的基础理化性能如表 1 所示。评价结果表明，聚合物 A 和部分水解聚丙烯酰胺的基础理化性能指标均满足行业标准要求。聚合物 A 的相对分子质量均在 $700×10^4 \sim 950×10^4$，适用于低渗透油藏。

表 1　两种聚合物的基础理化指标

理化指标	标准要求	实施例 1	PHPAM
相对分子质量，10^4	700~950	832	799
固含量（质量分数），%	≥88.0	90.6	89.9
水解度（摩尔分数），%	23~27	23.5	24.1
水不溶物（质量分数），%	≤0.20	0.16	0.05
过滤因子	≤1.5	1.08	0.55
表观黏度，mPa·s	≥19	22.7	20.1
溶解速度，h	≤2.0	1.5	1.2

2.2　增黏性能

两种聚合物的黏度—浓度关系如图 2 所示。可见，不同聚合物的黏度均随着浓度的增加而增加。相同浓度条件下，两亲性聚合物的黏度高于对比聚合物，原因在于两亲性聚合物增加了疏水单体二辛基丙烯酰胺，能够通过疏水缔合作用形成空间网络结构，增加结构黏度。两亲性聚合物较好的增黏性能有利于发挥聚合物的黏弹性驱油机理，提升驱油效率。

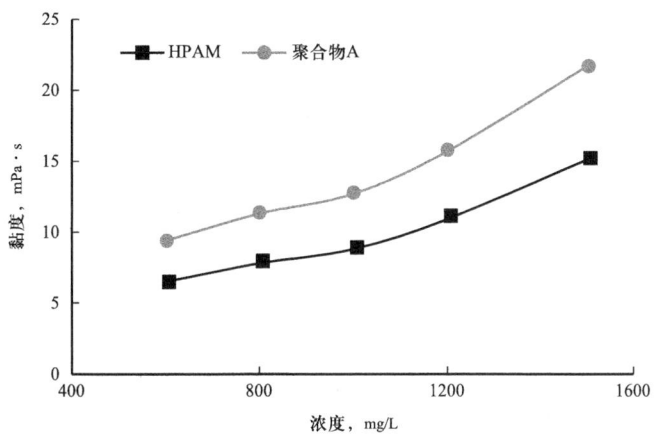

图 2　两种聚合物的黏度—浓度关系图

2.3　抗盐性能

以矿化度（质量分数）0.095% 的聚合物溶液黏度为基准，将各矿化度聚合物溶液的黏度与之相除，绘制黏度保留率随矿化度变化曲线（图 3）。评价结果表明，两种聚合物的黏度均随着矿化度的增加而下降。相同矿化度条件下，两亲性聚合物 A 的黏度保留率高于部分水解聚丙烯酰胺，原因在于其疏水单体和界面活性单体能在较高的矿化度条件下，通过分子间缔合作用，增加结构黏度，从而提升黏度保留率。聚合物 A 具有较好的抗盐性能，有利于提升聚合物在油田污水中的应用性能。

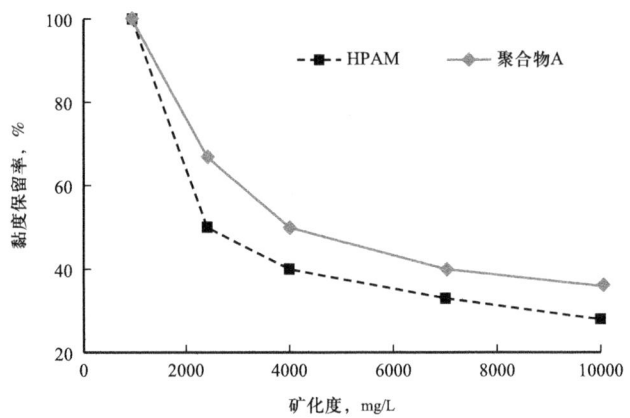

图 3 两种聚合物的抗盐黏度保留率曲线

2.4 界面张力与乳化性能

依据 1.3.4 的实验方法，开展了两种聚合物界面张力和乳化性能的测定。

乳化类型评价结果表明，聚合物 A 与原油形成水包油（O/W）型乳液，部分水解聚丙烯酰与原油不乳化。

聚合物 A 与原油乳化液的析水率随静置时间变化如表 2 所示。数据表明，两亲性聚合物 A 与原油形成的乳状液，其乳化析水率均随着静置时间逐渐变大，24h 后均超过 90%。由于聚合物适用的是低渗透油藏，较高的乳化析水率有利于乳状液及时破乳，不会对孔喉造成堵塞，有利于流体的移动。两种聚合物与原油的界面张力如表 3 所示。

HPAM 与原油作用的界面张力值为 60.1mN·m^{-1}，聚合物 A 与原油作用的界面张力值为 3.1mN·m^{-1}，聚合物 A 因其分子结构中含有两亲性的单体，可有效降低油水界面张力。

表 2 聚合物 A 与原油形成乳化液的乳化析水率

聚合物 A	乳化析水率							
	10min	30min	1h	2h	4h	8h	12h	24h
	51.2%	73.5%	80.3%	85.1%	87.9%	92.3%	93.1%	97.5%

2.5 注入性能

依据 1.3.5 的方法，通过流动实验对比评价了两种聚合物在低渗透岩心中的注入性能。流动实验结果和曲线见表 3 和图 4。

表 3　不同聚合物在低渗透油藏中的注入性能

聚合物	渗透率, mD	阻力系数 F_r	残余阻力系数 F_{rr}
聚合物 A	108.48	25.23	8.23
	112.56	26.12	8.26
HPAM	130.25	15.35	5.08
	118.59	16.26	6.01

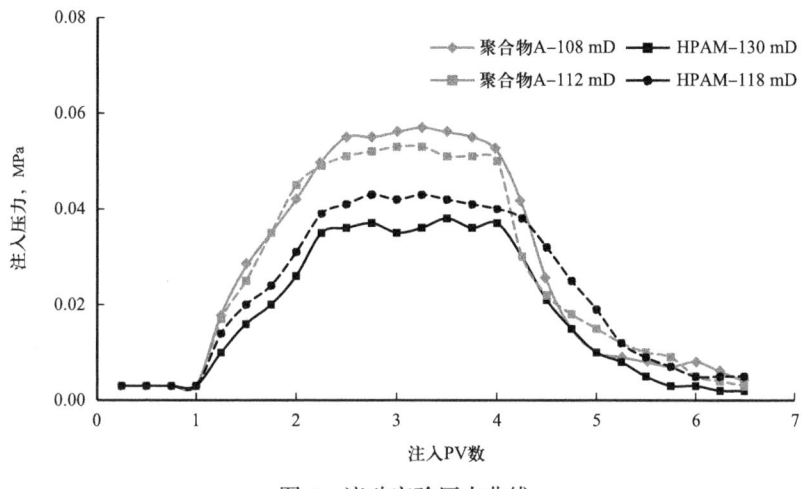

图 4　流动实验压力曲线

数据表明，所有流动实验的压力曲线在聚合物驱阶段均出现了平台，后继水驱阶段压力快速下降后在一个数值附近小幅波动。流动实验的阻力系数与残余阻力系数数值均较小，且残余阻力系数低于阻力系数的 1/3，表明聚合物 A 和 HPAM 均能有效注入渗透率约 $100 \times 10^{-3} \mu m$ 的低渗透岩心。

2.6　驱油效率

依据 1.3.6 的方法，通过天然岩心驱油实验对比评价了两种聚合物的驱油效率，依据各阶段的产油量，计算水驱采收率 R_w、聚驱采收率 R_p 和总采收率 R_t，驱油结果详见表 4。

表 4　不同聚合物天然岩心驱油实验采收率提高值

聚合物	K, mD	S_o, %	R_w, %	R_p, %	R_t, %
聚合物 A	120.5	63.6	46.3	15.1	61.4
	133.7	63.8	47.1	15.2	62.3
HPAM	130.4	64.1	46.0	9.8	55.8
	132.5	63.8	45.8	9.7	55.5

驱油实验结果表明，HPAM 提高低渗透油藏采收率平均值为 9.8%，两亲性聚合物 A 提高采收率平均值为 15.2%，比对比聚合物 HPAM 高出 5 个百分点。两亲性聚合物驱油效率较高的原因在于其功能单体。两亲性功能单体能有效降低油水界面张力，提升微观驱油效率；疏水单体能提高聚合物溶液黏度和污水中的抗盐性能，有利于在污水条件下保持较高的工作黏度，有利于发挥聚合物的黏弹性驱油机理。基于上述两方面的协同作用，聚合物 A 能大幅度提高原油采收率，满足低渗透油藏高效开发的需求。

3 结论

通过在聚丙烯酰胺分子链上引入自主研发的两亲性功能单体十二烷基聚氧乙烯（23）醚丙烯酸酯和孪尾疏水单体二辛基丙烯酰胺，成功研发出两亲性聚合物 A，并开展与同相对分子质量部分水解聚丙烯酰胺的对比评价，结果表明，聚合物 A 的基础理化指标符合产品技术要求。相同条件下增黏、抗盐等性能优于对比聚合物。可降低油水界面张力，与原油形成水包油（O/W）型乳液，乳化析水性能满足低透油藏需求。1000mg/L 的聚合物 A 溶液可顺利注入渗透率约 $100 \times 10^{-3} \mu m$ 的岩心，0.7PV 用量下的驱油实验可提高采收率 15%，比对比聚合物高出 5 个百分点。自主研发的两亲性聚合物可大幅度提高原油采收率，满足低渗透油藏高效开发的需求。

参 考 文 献

[1] 孙龙德，伍晓林，周万富，等. 大庆油田化学驱提高采收率技术[J]. 石油勘探与开发，2018，45（4）：636-645.

[2] 王德民，程杰成，吴军政，等. 聚合物驱油技术在大庆油田的应用[J]. 石油学报，2005，26（1）：74-78.

[3] 张晓芹，关恒，王洪涛. 大庆油田三类油层聚合物驱开发实践[J]. 石油勘探与开发，2006，33（3）：374-377.

[4] 刘化龙，李宜强，孔德彬，等. 不同矿化度水质稀释聚合物溶液驱油效果研究[J]. 科学技术与工程，2015，15（4）：30-33.

[5] 樊剑，韦莉，罗文利，等. 污水配制聚合物溶液黏度降低的影响因素研究[J]. 油田化学，2011，28（3）：250-253.

[6] 丁玉娟，张继超，马宝东，等. 污水配制聚合物溶液增黏措施与机理研究[J]. 油田化学，2015，32（1）：123-127.

[7] 马海禹. 污水配制聚合物对提高采收率影响研究[J]. 科学技术与工程，2012，12（19）：4766-4769.

[8] 张海波，陈岚岚，杨艳平，等. 聚丙烯酰胺的合成及应用研究进展[J]. 高分子材料科学与工程，2016，32（8）：177-181.

[9] 姚峰. 耐温抗盐聚合物性能及驱油效率研究[J]. 科学技术与工程，2017，17（9）：192-197.

[10] 邹燕,何培新,张玉红,等.耐温抗盐型聚丙烯酰胺研究进展[J].胶体与聚合物,2011,29(3):138-140.
[11] 伊卓,赵方园,刘希,等.三次采油耐温抗盐聚合物的合成与评价[J].中国科学:化学,2014,44(11):1762-1770.

长庆油田套损井自降解暂堵凝胶研究与应用

张 严 万向臣 闵江本

[川庆钻探工程有限公司钻采工程技术研究院（低渗透油气田勘探开发国家工程实验室）]

摘 要：针对长庆油田老井修复小套管二次固井过程中井筒漏失严重、水泥堵漏措施后产能恢复率低等问题，借鉴钻井过程中的屏蔽暂堵理论，提出了自降解暂堵凝胶技术。该技术开发了弱凝胶悬浮基液，合成了黏弹性好、变形程度大、封堵强度高且在一定温度下能够自动水化降解的聚合物材料，并与其他辅助暂堵材料协同配合形成了可自适应、自降解暂堵凝胶体系，能够在腐蚀穿孔等漏失严重处快速形成封堵屏障，有效防止后续固井过程中的水泥浆漏失，缩短作业周期，保护储层。实验评价表明，该凝胶体系可以承压15MPa，在7~10d降解，储层恢复率大于90%，可以达到堵得住、解得开、油层污染小的目的。在长庆油田现场应用25井次，一次堵漏成功率高达96%以上，平均产能恢复率大于95%，保护储层效果显著。

关键词：自降解凝胶；堵漏；自适应；自降解

Research and Application of Self-Degradation Temporary Plugging Gel for Casing Damaged Wells in Changqing Oilfield

Abstract: In order to solve the problems of serious wellbore leakage and low productivity recovery rate after cement plugging in the secondary cementing process of small casing repair in old well in Changqing Oilfield, self-degradation temporary plugging gel technology was proposed by referring to the shielding temporary plugging theory in the drilling process. This technology develops a weak gel suspension base solution, synthesizes a polymer material with good viscoelasticity, large deformation degree, high plugging strength, and can automatically hydrate and degrade at a certain temperature. In addition, it can cooperate with other auxiliary temporary plugging materials to form an adaptive and self-degrading temporary plugging gel system, which can quickly form a plugging barrier in places with serious leakage such as corrosion and perforation. Effectively prevent cement slurry loss in the subsequent cementing process, shorten the operation cycle and protect the reservoir. The experimental evaluation shows that the gel system can be subjected to pressure of 15MPa and degraded in 7~10d, and the

---

第一作者简介：张严，男，1996年出生，工程师，毕业于长江大学石油与天然气工程专业，硕士，就职于中国石油集团川庆钻探工程有限公司钻采工程技术研究院，从事固井工艺技术及水泥浆研究工作。

recovery rate of the reservoir is greater than 90%, which can achieve the purpose of plugging, solving and small reservoir pollution. It has been applied in Changqing oilfield for 25 wells, the success rate of plugging is over 96%, the average productivity recovery rate is over 95%, and the reservoir protection effect is remarkable.

Keywords: self-degradation gel; plugging a leak; self-adaptation; self-degradation.

1 引言

随着长庆油田的深入开发，由地层水、H_2S 和 CO_2 腐蚀等因素导致的油水井套损问题越来越严重。据保守估计，套损井增量以每年 400 口井的速度逐年增加，套损治理及井筒修复工作量巨大。目前，长庆地区套损井大多采用 ϕ88.9mm 小套管固井进行井筒重塑，由于套损井历经多年采油开发，部分井筒内多处腐蚀穿孔，漏失严重，在固井施工前需要进行堵漏处理，目前采取的主要堵漏措施是水泥堵漏，但是存在以下问题：一是使用水泥堵漏，流变性能较差、封堵效果不佳，针对井筒内漏失情况复杂或多种漏失并存的井，使用水泥一次堵漏成功率较低；二是水泥堵漏后需要磨钻，施工工期较长，成本较高；三是水泥堵漏对储层伤害不可逆，不具有保护油层的功效，加剧了油气层损害，造成措施后产量恢复期长、恢复率低等问题。

针对上述问题，国内外研究人员已开发出多种堵漏剂，其中聚合物凝胶堵漏技术以聚合物材料交联形成三维网状结构的黏弹体，具备与柔弹性堵漏材料相同的形变性，降低漏失通道对堵漏材料的限制性，经形变作用到达漏层固化或膨胀达到堵漏作用，具有作用范围广、施工便利、与其他堵漏剂配伍性好、耐冲刷、易于清理与解堵等优势，已成为堵漏领域的研究热点。张新民等为了解决在恶性漏失情况下，常规水泥浆堵漏无法驻留、易被水稀释、胶结强度差、堵漏效果差等问题，研发了在高温下具有良好流变性能的新型聚合物凝胶，该凝胶具有较好的抗温性能，适用于大孔道、大裂洞、暗河及含水层的漏失堵漏；白英睿等针对常规化学凝胶堵漏剂抗高温和力学性能差的问题，合成一种杂化交联复合凝胶材料，据此制备凝胶颗粒堵漏剂，杂化交联复合凝胶具备三重交联网络结构，可以满足高渗透性和裂缝性漏失地层的承压堵漏需求；廖月敏等研究了一种 AM/AMPS 耐温抗盐凝胶堵水调剖体系，该体系具有很好的耐温、抗盐性能；吴清辉等为满足超高温高盐油田油藏调剖堵水要求，研制出高温高盐凝胶调堵剂 WTT-202；张坤等针对现有凝胶高温下结构强度弱的问题，制备了温敏型凝胶堵漏剂 BZ-WNJ，大幅提高了成胶后强度，在封闭漏层裂缝同时可以加大漏失通道内黏滞阻力，提升地层承压能力。

常规聚合物凝胶堵剂具有良好的黏弹性和形变性，基本能实现暂堵功能，但在长庆地区现场套损井治理的实际应用过程中，发现其存在以下问题：① 常规聚合物凝胶成胶后封堵强度弱，承压能力不高，无法满足后续固井需求；② 常规聚合物凝胶进入储层后，解堵周期长、储层恢复率低；③ 针对漏失严重和多种漏失并存的情况，常规聚合物凝胶堵剂无法自适应漏层，易出现部分漏点堵得住，部分漏点堵不住的现象，堵漏效果较差。基于此，研发出一种具有封堵强度高、自适应性强的自降解暂堵凝胶。

2　自降解凝胶

自降解暂堵凝胶体系是由凝胶、微泡沫和自降解暂堵材料组成，其中凝胶是具有一定黏度的悬浮基液；微泡是在悬浮基液中加入起泡剂，形成具有一定粒径的囊泡；自降解暂堵材料主要有两种：分别是自降解材料 A，自制，一种通过酯化缩聚反应获得的脂肪族高分子聚合物；自降解材料 B，自制，一种通过接枝反应合成的亲水性高分子聚合物。

2.1　堵漏机理

暂堵材料属于黏弹性材料，呈不规则状，粒径大小不一，具有一定吸水倍数，体系中的暂堵材料在漏失层利用颗粒的不同粒径复层匹配填充，随凝胶进入漏层后，可以在漏失处进行不规则的堆积，起架桥作用，形成具有孔隙性的屏蔽暂堵带，并能承受一定压力，防止固井作业过程中水泥浆漏失。

2.2　自降解机理

以自制的高分子自降解材料 A 作为暂堵材料主剂，其降解机理如下：在水中高温条件下主链上不稳定的 C—O 键可发生水解断裂，使得其由高分子物质裂解为可溶于水的小分子物质，然后在微生物等外界作用下该小分子物质可最终分解成 CO_2 和水，无毒无害且无残留。自降解材料 B 在高温作用下，本身所带有的过氧化物 POOH 分解产生初级活性自由基，在水中微量溶解氧的作用下该自由基引发连锁自动氧化反应，进而产生了聚合物链自由基 P·和 PO·，而聚合物链自由基最终引发连锁式的裂解反应，使得材料 B 分子链断裂形成小分子化合物，并最终降解为 CO_2 和水。

3　凝胶性能评价

利用室内自制的模拟砂床进行试验对比，最终确定各种材料的基本加量，可降解暂堵材料加量为 2%～4%，起泡剂加量为 0.2%，形成了堵漏体系的基本配方：凝胶 + 2%～4% 可降解暂堵材料（60% 材料 A+40% 材料 B）+0.1%～0.2% 起泡剂。

3.1　流变性能

堵漏凝胶需要具有易于泵送的优良流变性能，实验测定结果（表1）表明该凝胶为假塑性流体，具有好的剪切稀释性，触变性强，有利于悬浮固相颗粒，黏度适中，既可增加堵漏体系的驻留性，又能满足现场施工要求。

表 1　暂堵凝胶流变性能评价

类型	密度 g·cm⁻³	黏度 mPa·s	表观黏度 mPa·s	塑性黏度 mPa·s	摩阻系数	流性指数
结果	1.05	322	18	12	0.23	0.61

3.2　分散悬浮性能

在堵漏过程中，加入暂堵材料应能够均匀地分散在凝胶中且短时间内不会发生沉淀堆积，这样才能有效地进入漏失位置，同时也可以防止暂堵材料聚集而堵塞水泥泵车。在实验过程中以凝胶基液作为分散介质，评价暂堵材料的分散悬浮性。暂堵材料在凝胶基液中可分散均匀，静置 30min 后仍未完全沉降；同等实验环境下，石英砂在静置 5min 后完全沉降。这说明该暂堵材料在该凝胶基液环境下具有较好的分散悬浮性能，在实际施工中可以得到有效泵送。

3.3　封堵、承压与恢复率

分别在温度 60℃、70℃、80℃下采用 500mD、1500mD、2500mD 不同渗透率人造岩心和填砂管，分别测定其初始、封堵后、恢复后的岩心渗透率。做渗透率恢复实验时，将岩心在一定温度下静置 48h 后，先反向水驱，再用煤油驱，至压力稳定后测其恢复后渗透率，实验结果表明使用该凝胶对目标岩心暂堵处理后，岩心暂堵率和渗透率恢复率均在 90% 以上（表 2）。

表 2　凝胶封堵、承压与恢复率评价

序号	岩心类型	温度 ℃	岩心渗透率，mD 初始	岩心渗透率，mD 封堵后	岩心渗透率，mD 恢复后	暂堵率 %	承压能力 MPa	渗透率恢复率 %
1	人造	60	432	31	401	92.82	15	92.82
2	人造	70	450	41	416	90.89	15	92.44
3	人造	80	554	49	530	91.16	15	95.67
4	人造	60	1553	89	1499	94.27	15	96.52
5	人造	70	1485	68	1386	95.42	15	93.33
6	人造	80	1570	86	1427	94.52	15	90.89
7	填砂	60	2785	99	2655	96.45	15	95.33
8	填砂	70	2856	121	2812	95.76	15	98.46
9	填砂	80	2479	111	2264	95.52	15	91.33

3.4 自降解性能

凝胶在地层环境的溶解性能直接影响其对储层的伤害程度,如果自降解性能较弱,残留的暂堵材料会直接堵死狭窄的孔喉,导致二次固井措施后产能无法恢复。取地层水按暂堵材料加量2%(细)、4%(粗)配置凝胶,放入常压养护箱中60℃养护,并设置清水对照组,根据试验结果表明凝胶自降解性能良好,可降解暂堵材料在7~10d内,可以自动水解,形成红褐色浑浊溶液(图1)。

(a) 初始凝胶　　　　　　　　　　　　　　(b) 静置7d后凝胶

图 1　自降解性能

4　现场应用

2023年自降解暂堵凝胶在长庆油田采取挤压堵漏的方式共现场试验了25井次,单井堵漏凝胶用量12~18m³,一次堵漏成功率达到96%以上,相较于水泥堵漏,单井平均节省工期3.5d。

其中安168-××井完钻井深2209m,于2008年9月投产,初期高产开发时间长,后因套破产量下降,先后采取LEP封隔器(2123.0m)、K341-110封隔器(2125.37m)、K341-110封隔器(2124.20m)、三代LEP封隔器(2125.13m)进行四次隔采,治理频繁且有效期短。认为该井初期高产开发时间长,剩余油丰富,且周围油井产量较高,综合考虑该井潜力较大,为了延长治理有效期,减少产能损失,计划采用储层保护暂堵技术封堵穿孔段,处理井筒后实施小套管二次固井。根据前期工程测井结果显示该井在1853.7~1855.2m、2013.4~2015.6m、2080.0~2082.3m、2121.8~2124.0m总计4处存在腐蚀穿孔,漏失严重,在固井施工前用$2^{7}/_{8}$in油管接斜尖下至1605.14m开展凝胶暂堵处理,共计使用凝胶15m³,顶替清水7.1m³,暂堵后稳压15MPa。

堵漏前后吸水数据(表3)结果显示,通过挤注施工的方式,该凝胶能够成功进入漏层,并快速形成屏蔽暂堵带,有效防止井筒内液体的漏失,保证后续固井作业顺利实施。

表3　暂堵前后吸水数据

项目	排量 L/min	压力 MPa	停泵压力 MPa	压降 MPa/min
暂堵前	360	3	0	—
	600	5	0	—
暂堵后	360	20	17	0.1

根据该井措施前后产能数据显示，该井恢复生产后排水期3d，第5d产液量为9.1m³，产油量为2.14t，恢复到套损前产能水平，恢复率达到156%，表明该凝胶成功降解，未对油层造成污染，产量恢复显著。

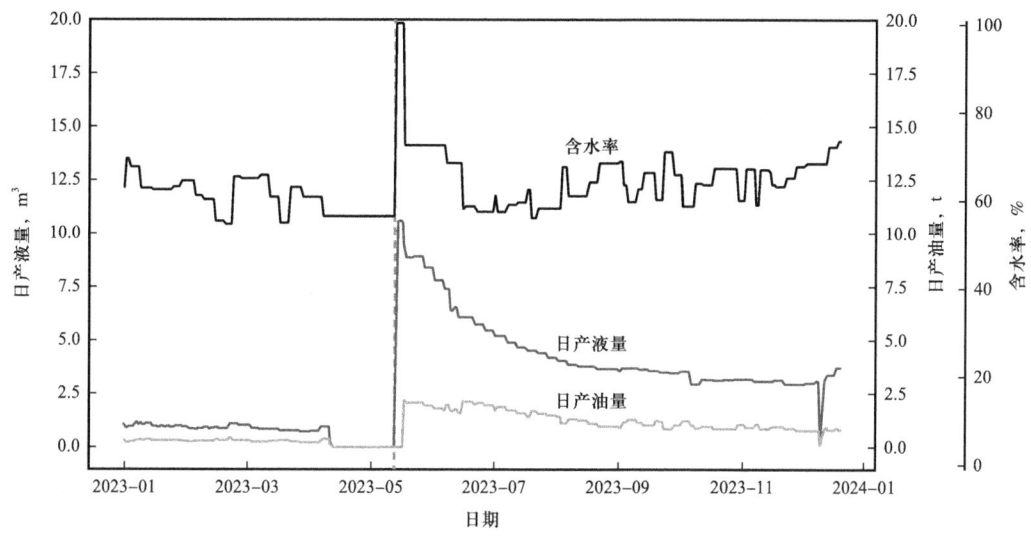

图2　安168-××井措施前后产能数据

5　结论

（1）室内实验表明，自降解暂堵凝胶流变性能、分散悬浮性能良好，易于泵送。

（2）该凝胶堵漏、储层保护效果良好，封堵强度大于15MPa，岩心暂堵率和渗透率的恢复率均在90%以上，满足长庆地区现场套损井治理暂堵需要。

（3）现场实验表明，自降解暂堵凝胶性能优良，一次堵漏成功率达到96%以上，相较于水泥堵漏，单井平均可节省工期3.5d，对储层污染更小，措施后产量恢复显著。

参 考 文 献

[1]闫江本，向蓉，陈博.长庆油田小套管二次固井工艺技术研究与应用[J].钻探工程，2021，48（8）：26-32.

[2] 潘一, 徐明磊, 郭奇, 等. 钻井液智能堵漏材料研究进展[J]. 材料导报, 2021, 35 (9): 9223-9230.

[3] 李翔, 邢希金, 曹砚锋, 等. 适于渤海油田修井作业的暂堵液筛选与应用[J]. 现代化工, 2019, 39 (S1): 142-145.

[4] 郝惠军, 刘波, 严俊涛, 等. 聚合物凝胶堵漏研究进展[J]. 钻井液与完井液, 2022, 39 (6): 661-667, 676.

[5] 郭永宾, 顾帮川, 黄熠, 等. 高温成胶可降解聚合物凝胶堵漏剂的研制与评价[J]. 钻井液与完井液, 2019, 36 (3): 293-297.

[6] 王刚, 王仕伟, 何丹丹, 等. 高温油藏聚合物凝胶的制备及其暂堵性能[J]. 油田化学, 2023, 40 (3): 440-446.

[7] 赵洪波, 单文军, 朱迪斯, 等. 裂缝性地层漏失机理及堵漏材料新进展[J]. 油田化学, 2021, 38 (4): 740-746.

[8] 刘朝峰, 韩成福, 朱明明. 可控智能交联凝胶堵漏技术研究[J]. 化工管理, 2018 (27): 179.

[9] 张新民, 赫英状, 高伟, 等. 凝胶水泥堵漏剂的制备与性能[J]. 油田化学, 2023, 40 (4): 596-600, 607.

[10] 白英睿, 张启涛, 孙金声, 等. 杂化交联复合凝胶堵漏剂的制备及其性能评价[J]. 中国石油大学学报（自然科学版）, 2021, 45 (4): 176-184.

[11] 廖月敏, 付美龙, 杨松林. 耐温抗盐凝胶堵水调剖体系的研究与应用[J]. 特种油气藏, 2019, 26 (1): 158-162.

[12] 吴清辉. 高温高盐凝胶堵剂WTT-202研制与应用[J]. 精细与专用化学品, 2019, 27 (2): 28-33.

[13] 张坤, 王磊磊, 苏君, 等. 温敏型凝胶堵漏剂的室内研究[J]. 钻井液与完井液, 2020, 37 (6): 753-756.

[14] 王骁男, 张栋俊, 吕忠楷, 等. 智能凝胶塞在晋中3井的应用[J]. 钻采工艺, 2018, 41 (5): 110-112.

[15] 张易航, 程立, 张慢来, 等. 地层暂堵型水凝胶的溶胶及溶胀性能评价[J]. 塑料工业, 2017, 45 (9): 99-102.

超薄层稠油油藏提高采收率开发方式研究

李 岩[1]　郭思强[2]　钱 昱[1]　王 涛[1]　朱 顺[1]　王 强[1]　张 鸿[1]　周 浩[1]

（1.大庆油田有限责任公司勘探开发研究院；
2.大庆油田有限责任公司勘探事业部）

摘　要：大庆长垣WE区块萨尔图稠油油藏储量资源丰富，开发程度低，平均有效厚度3.5m，河道宽度250m，总体开发程度较低，经济效益不过关。本文基于储层流体渗流特征、岩心驱油实验和数值模拟及经济评价研究，建立了超薄层稠油油藏开发方式及布井模式优化设计方法。研究成果用于指导为该类稠油油田效益建产，编制完成了4期开发布井方案，设计开发井493口，区块陆续投产采用初期弹性开发后转氮气、降黏剂辅助蒸汽吞吐开发方式，实现了该类区块的有效开发动用。

关键词：超薄层；稠油；提高采收率开发技术；技术经济界限

Research on Development Methods for Improving Oil Recovery in Ultra Thin Layer Heavy Oil Reservoirs

Abstract: The Sartu heavy oil reservoir in the WE block of Daqing Changyuan is rich in reserves and resources, with a low level of development. The average effective thickness is 3.5m, and the river width is 250m. The overall development level is relatively low, and the economic benefits are not satisfactory. This article is based on the characteristics of reservoir fluid flow, core oil displacement experiments, numerical simulation, and economic evaluation research; We have established an optimization design method for the development and well layout of ultra-thin heavy oil reservoirs. The research results were used to guide the construction of production efficiency for this type of heavy oil oilfield. Four development well layout plans were prepared, and 493 wells were designed and developed. The blocks were gradually put into production using the initial elastic development to steam stimulation development method, achieving effective development and utilization of this type of block.

Keywords: ultra-thin layer; heavy oil; development technology for improving oil recovery rate; technical and economic boundaries

---

第一作者简介：李岩，女，1984年出生，籍贯黑龙江省哈尔滨市，2008年毕业于东北石油大学石油工程专业，大学本科，大庆油田有限责任公司勘探开发研究院，从事稠油开发，高级工程师。

1 前言

大庆 WE 区块萨尔图稠油油藏储量资源丰富，具有浅、薄、分散的特点，属于低丰度超薄层稠油油藏，平均有效厚度 3.5m，河道宽度 250m。2020 年以前仅在江 37 区块开展过小规模蒸汽吞吐现场试验，总体开发程度较低，经济效益不过关，未形成系统的浅薄层、低丰度普通稠油开发技术体系。针对薄窄河道砂体布井模式和有效动用方式不明确，为实现 WE 区块稠油油藏全生命周期高效开发，开展室内实验和数值模拟、经济评价研究，探索适合的驱替介质和合理开发方式，落实研究区高效开发技术政策。研究成果用于指导该区块分 4 期编制开发布井方案，设计开发井 493 口（水平井 155 口），设计产能 32.59×10^4t，同步提交探明储量，截止到目前区块已完钻并投产 292 口井，采取初期弹性开发方式转氮气、降黏剂蒸汽吞吐，累积产油量为 32.7×10^4t。

2 储层流体渗流特征研究

2.1 原油黏温曲线测定

进行原油黏温曲线测定，从黏温曲线可以看出，在地层温度条件下该区块属于普通稠油（图 1）；原油黏度对温度的敏感性较强，随着温度的升高，原油黏度急剧降低，当温度达到 100℃时，黏度下降接近普通原油。

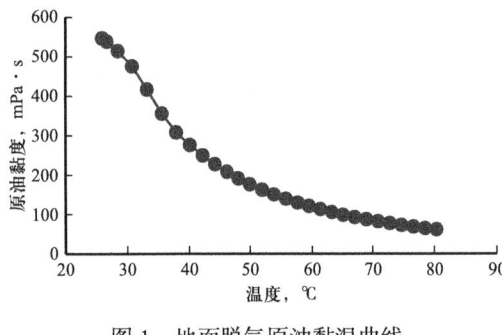

图 1 地面脱气原油黏温曲线

2.2 原油流变性试验

流体依据其流变特征是否满足牛顿内摩擦定律可大致分为牛顿流体和非牛顿流体。通过室内流变性实验，得到地层温度下 LA 井剪切速率、剪切应力的关系曲线数据（图 2），研究后发现在较低温度和较低剪切速率下，原油呈现非牛顿流体的特征，且表现出具有一定的屈服值和剪切变稀特性的宾汉流体特征，原油的黏度随剪切速率的增加显著降低，随温度的升高，其非牛顿流体性质逐渐减弱，达到 37.5℃后转化为牛顿流体的特征（图 3）。

2.3 高温相对渗透率曲线测定

研究区稠油油相相对渗透率随含水饱和度升高呈下降趋势，曲线呈下凹形；水相相对渗透率呈上升趋势，曲线呈上凹形；温度升高，曲线整体上向右偏移；束缚水饱和度有随温度升高而增大的趋势；随着温度升高，两相共渗区域变宽，同一含水饱和度下，油相渗透率增大,而水相渗透率变化不大。提高注入水温度有利于驱替出更多原油,从而降低油藏残余油饱和度,提高稠油驱油效率。随液相饱和度降低,油相相对渗透率明显下降,蒸汽相相对渗透率逐渐上升。250℃油汽相渗曲线形态较200℃汽驱明显变好,油相相对渗透率下降趋势变缓,油汽两相共渗范围变宽,这说明蒸汽温度越高,越有利于延长稠油流动时间,提高采出程度(图4)。

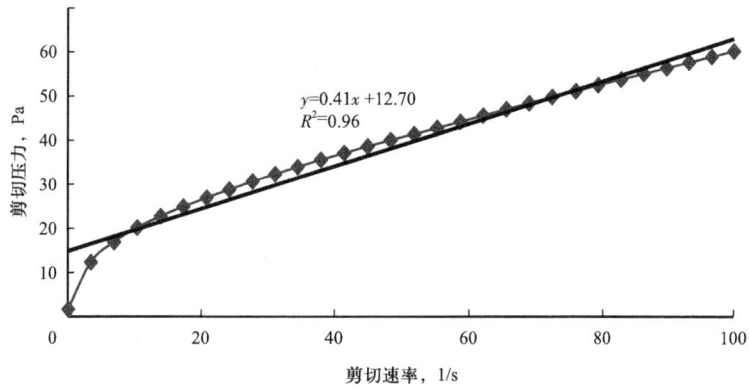

图2 地层温度下LA井油样流变曲线

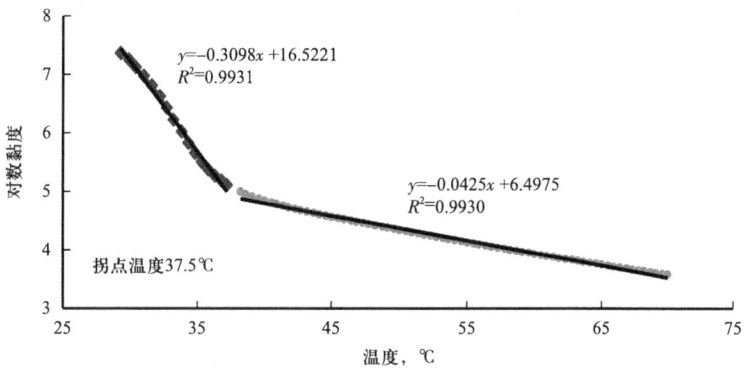

图3 LA井温度与对数黏度关系曲线

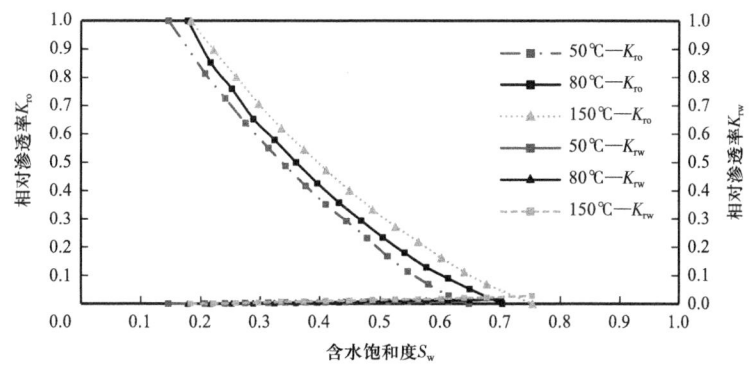

图4 LA井不同温度油水相对渗透率曲线

3 超薄层稠油油藏不同开发方式优化设计研究

3.1 不同开发方式岩心驱油实验研究

共开展了不同温度水驱、不同温度蒸汽驱的岩心驱油实验共计7组。当温度从常温升高到80℃时，驱油效率最高提升8.4个百分点；从80℃提高到150℃后，驱油效率提高10.9个百分点。相同温度下蒸汽驱比热水驱驱油效率高11.5个百分点。采用热采开发方式可以大幅度提高采收率，试验区适合采用热采方式开发（图5）。

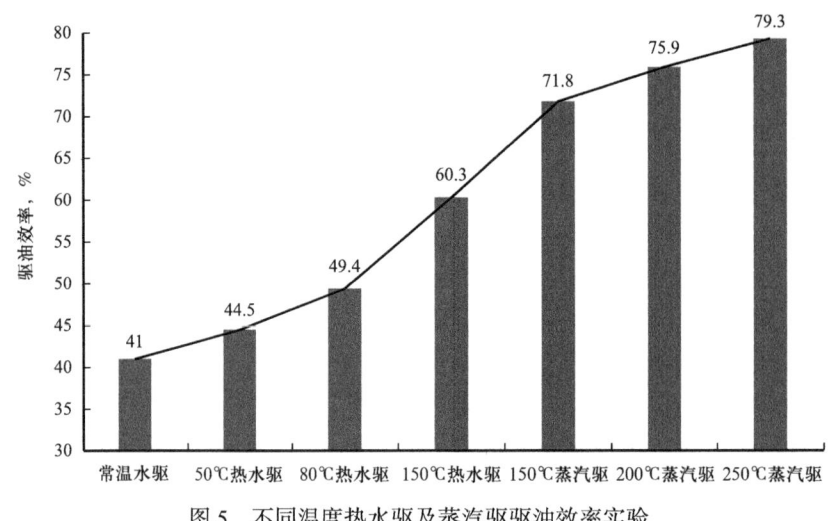

图 5　不同温度热水驱及蒸汽驱驱油效率实验

3.2 不同开发方式开发效果对比

2008年，在该区块开展的蒸汽吞吐转蒸汽驱先导矿场试验结果表明，由于该区块油层厚度薄、热采热损失大，导致经济效益不过关。为此，在室内岩心驱油实验的基础上，通过数值模拟研究对比弹性开发、热水驱、蒸汽吞吐、弹性开发转蒸汽吞吐、蒸汽驱的开发效果，根据研究区块实际钻井投资、操作成本等经济指标开展经济评价计算，筛选出经济效益达标的高效开发方式。

采用CMG数值模拟软件Winprop模块将原油劈分为轻质、中质、重质三个拟组分进行数值模拟研究。从弹性开发过程中油相各组分变化规律可看出，轻质组分最先采出，随着生产过程的推移，近井地带的重质组分不断增多，轻质和中质组分变少，生产到190d时，近井地带的重质组分为100%，随着近井地带原油轻质组分的采出，原油黏度越来越高，流动性急剧下降；具体表现为弹性开采月递减率和年递减率高，生产300d以后，产液量、产油量急剧降低，部分井会出现供液不足现象。因此，弹性开发有效期为240～300d（图6）。

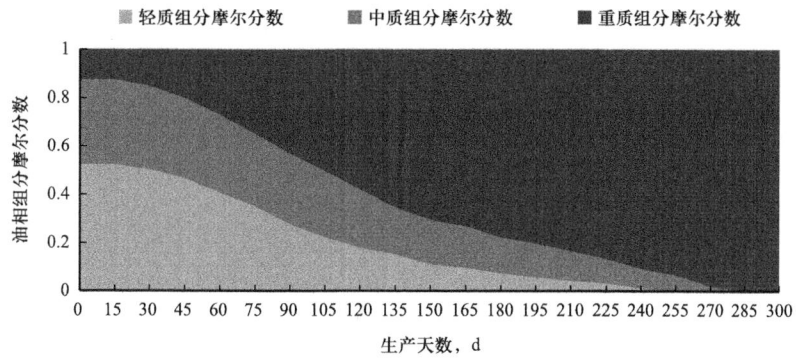

图 6 近井地带油相各组分的摩尔分数与生产时间的关系图

蒸汽驱数值模拟和经济评价计算表明，弹性开发、常温水驱、热水驱采收率较低，蒸汽吞吐、弹性开发转氮气降黏剂蒸汽吞吐和弹性开发转蒸汽吞吐蒸汽驱提高采收率在22.1%以上，由于受蒸汽成本制约，弹性开发转蒸汽吞吐蒸汽驱内部收益率小于8%，经济效益上不达标。弹性开发转氮气降黏剂蒸汽吞吐内部收益率最高，可获得较好开发效果（图7）。因此，采取前期开展弹性开发后转氮气降黏剂辅助蒸汽吞吐的开发方式，可以有效降低区块总体开发成本。

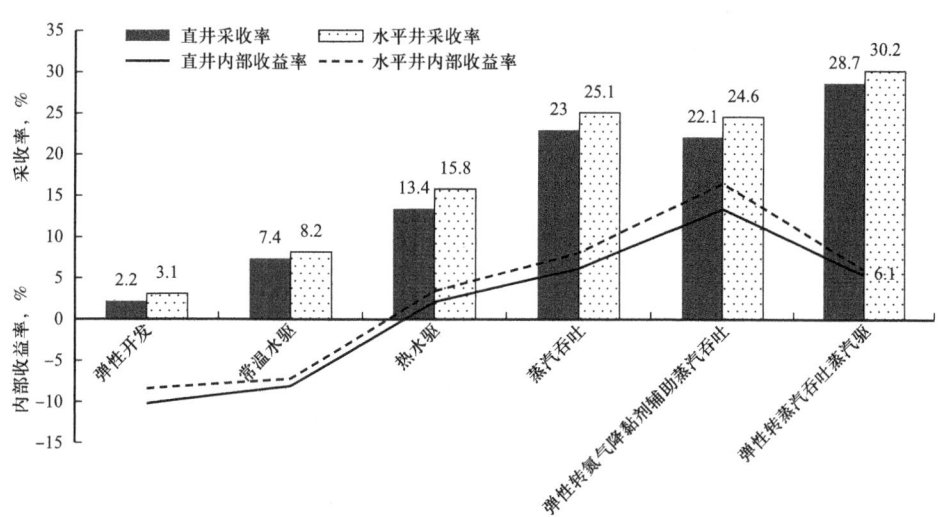

图 7 不同开发方式采收率、内部收益率对比图

4 超薄层稠油油藏布井模式和技术经济界限研究

4.1 不同规模河道井型优化研究

由于超薄层稠油油藏井控储量低、开发风险大，通过计算不同河道砂体规模下的直井和水平井的井控储量，来明确不同河道宽度条件下的布井模式。可以看出窄河道条件下，

直井开发效益优于水平井；河道宽度大于 250m，水平井单井控制储量明显增加。因此在布井时，依据风险认识、河道规模，制订"整体水平、灵活部署"对策（图 8）。

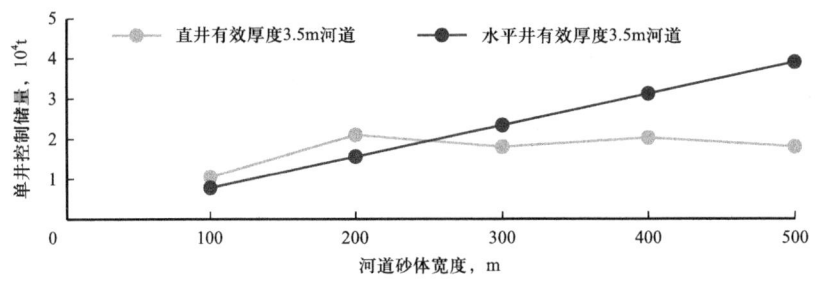

图 8　不同河道砂体宽度直井、水平井井控制储量

4.2　不同开发方式井距适应性研究

为了明确超薄层稠油油藏最优技术经济井距，通过应用单井产能分析法、谢尔卡乔夫公式、井网密度公式三种方法计算不同开发方式技术井距，应用数值模拟和经济评价方法计算不同开发方式经济井距。

单井产能分析法：根据采油速度和油井的单井产能，计算出所需的油井数，由油井数与总井数的关系，可确定出总井数，进而求出井网密度［式（1）］。

$$S = \frac{N_{ow}}{A} = \frac{Nv_o}{330 q_o \eta R_{ot} A} \tag{1}$$

式中　A——含油面积，km^2；

　　　N——地质储量，t；

　　　v_o——采油速度，t/d；

　　　η——油井综合利用率，f；

　　　q_o——油井单井产能，t/d；

　　　R_{ot}——油井数与总井数之比。

谢尔卡乔夫公式：水驱采收率与井网密度的关系可用谢尔卡乔夫公式来表示［式（2）］。

$$E_R = E_D e^{-a/S} \tag{2}$$

式中　E_R——水驱采收率，%；

　　　E_D——驱油效率，%；

　　　a——井网指数，取决于油层连通性、水油流度比、非均质特征等；

　　　S——井网密度，口/km^2。

采油速度与井网密度关系见式（3）：

$$v_o = \lg\left(\frac{kh}{\mu}\right)^{0.82725} + 2.7345 \eta^{-0.3163} - 0.7545 \tag{3}$$

式中　　v_0——采油速度，t/d；

　　　　k——渗透率，mD；

　　　　h——有效厚度，m；

　　　　μ——原油黏度，mPa·s；

　　　　B——井网密度，口/km²。

直井、水平井不同开发方式下技术井距和经济井距所呈现的规律一致。蒸汽驱、常温水驱、弹性开发经济井距大于技术井距，说明蒸汽驱、常温水驱、弹性开发方式在合理的技术井距下经济效益不达标。热水驱和氮气降黏剂辅助蒸汽吞吐的技术井距和经济井距基本一致，说明热水驱和蒸汽吞吐在合理的技术井距下经济效益能够达标（图9）。由于弹性开发转氮气降粘剂蒸汽吞吐提高采收率值和内部收益率最高（图7），考虑到方便后期井网调整，推荐直井、水平井采用140m井距，弹性开发转蒸汽吞吐开发方式。

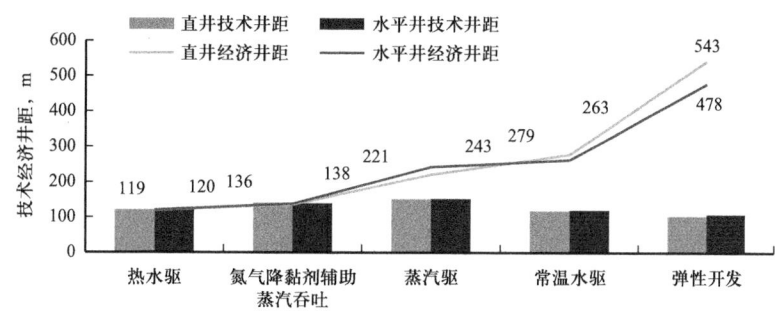

图9　不同开发方式下技术经济井距

4.3　氮气降黏剂辅助蒸汽吞吐技术经济界限的确定

数值模拟计算了氮气降黏剂辅助蒸汽吞吐不同有效厚度技术经济界限，随着油层有效厚度的降低，蒸汽吞吐过程中顶底盖层的热损失逐渐增大，导致蒸汽的热利用率降低，经济效益变差。直井、水平井蒸汽吞吐经济开发的有效厚度界限分别为2.7m、2.3m（图10）。因此，在进行井位部署时，对于河道宽度大于250m，有效厚度大于2.3m的区域部署水平井；对于河道宽度小于250m，有效厚度大于2.7m的区域部署直井。

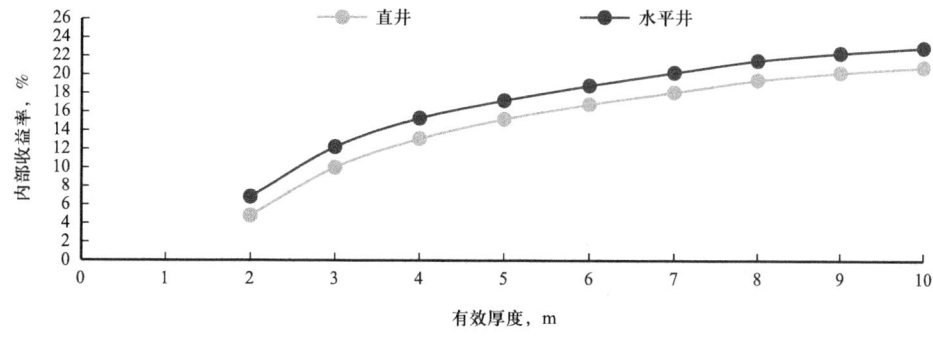

图10　不同有效厚度氮气降黏剂辅助蒸汽吞吐内部收益率图

5 现场应用

研究成果指导 WE 区块开发井部署，根据不同河道宽度制订了灵活布井模式，采用"整体水平井提产、初期弹性开发、后期热力提采"开发思路，根据有效厚度技术经济下限研究成果，圈定布井区域范围，对于河道宽度大于 250m，有效厚度大于 2.3m 的区域部署水平井；对于河道宽度小于 250m，有效厚度大于 2.7m 的区域部署直井。按照"预探评价开发一体化设计、水平井提效、平台化布局"建产思路，分四期编制开发布井方案，设计开发井 493 口（水平井 155 口），并同步提交探明储量，设计产能 32.59×10^4t，实现当年增储、当年建产、当年拿油。

截至到 2024 年 2 月，区块 1 期、2 期、3 期方案已完钻并投产 292 口井，初期采取弹性开发方式，初期水平井单井日产油 4.3t，直井单井日产油 3.1t，弹性开发阶段产量递减较快，平均月递减率为 42.6%。弹性开发生产 240～300d 时，陆续有 19 口井采用橇装方式转为氮气降黏剂辅助蒸汽吞吐开发，目前正在开展整体区块的蒸汽吞吐注汽系统地面基建施工。区块累积产油量为 32.7×10^4t。研究成果可推广到松辽中浅层稠油开发（图 11）。

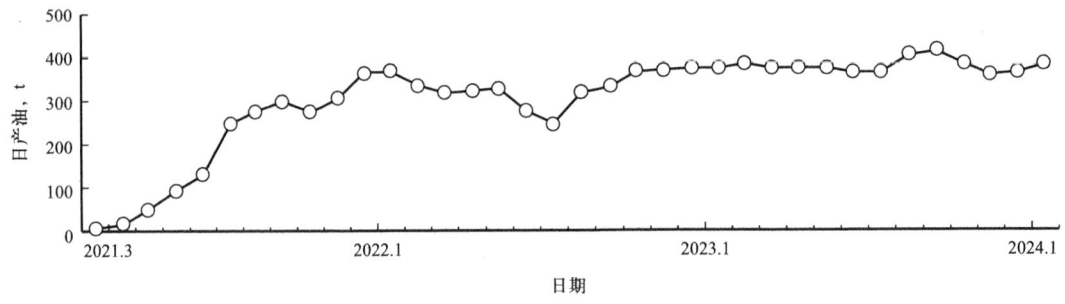

图 11 区块日产油曲线

6 结论

（1）研究区的稠油在地层温度下属于非牛顿流体，随温度的升高，其非牛顿流体性质逐渐减弱，达到 37.9℃后转化为牛顿流体的特征。稠油油相相对渗透率测定结果表明，蒸汽温度越高，越有利于延长稠油流动时间，提高采出程度。

（2）弹性开发过程中轻质组分最先采出，随着生产过程的推移，近井地带的重质组分不断增多，轻质和中质组分变少，生产到 190d 时，近井地带的重质组分为 100%，弹性开发有效期为 240～300d。弹性开发转氮气降黏剂辅助蒸汽吞吐内部收益率最高，可获得较好开发效果。因此，采取前期开展弹性开发后期转氮气降黏剂辅助蒸汽吞吐的开发方式，可以进一步降低区块总体开发成本。

（3）根据不同河道宽度制订了灵活布井模式，采用"整体水平井提产、初期弹性开发、后期热力提采"开发思路,根据有效厚度技术经济下限研究成果,圈定布井区域范围,对于河道宽度大于250m,有效厚度大于2.3m的区域部署水平井;对于河道宽度小于250m,有效厚度大于2.7m的区域部署直井。采用140m井距,弹性开发转氮气降黏剂辅助蒸汽吞吐开发方式。

参 考 文 献

[1] 何帆.热力采油技术在大庆油田江37区块的应用[D].大庆:东北石油大学,2017.
[2] 严其柱,王凯.河南油田含水稠油黏温关系的研究[J].油气储运,2005(12):36-41.
[3] 赵法军,刘永建.大庆普通稠油黏温及流变性研究[J].科学技术与工程,2010(31):7644-7647.
[4] 高中臣,梁文川,李绍杰.八面河普通稠油黏温和流变特征研究[J].广东石油化工学院学报,2021(31):24-27.
[5] 杨金辉,鞠斌山.特殊非牛顿原油水驱开发渗流规律数值模拟方法[J].科学技术与工程,2018(6):99-106.
[6] 刘文章.热采稠油油藏开发模式[M].北京:石油工业出版社,1998:198-199.
[7] 裴艳丽,姜汉桥,周赫,等.稠油油藏FAST-SAGD技术储层筛选标准[J].特种油气藏,2016,23(2):115-119.
[8] 熊川,李会君,费永涛,等.春10井区稠油油藏蒸汽吞吐开发效果主控因素[J].科技通报,2018,34(3):32-35.
[9] 陶光辉.河南油田稠油老区开发后期技术路径的思考[J].石油地质与工程,2019,33(3):49-52.
[10] 费永涛,刘宁,丁勇,等.一种叠加汽窜影响的稠油剩余油潜力评价方法——以井楼油田中区为例[J].石油地质与工程,2020,34(1):79-83.
[11] 任芳祥.油藏立体开发探讨[J].石油勘探与开发,2012,39(3):320-325.
[12] 杨立强,陈月明,王宏远,等.超稠油直井-水平井组合蒸汽辅助重力泄油物理和数值模拟[J].中国石油大学学报(自然科学版),2007,31(4):64-69.
[13] 郭耿生.薄层超稠油油藏水平井蒸汽吞吐开发研究[J].内江科技,2009,30(3):92.
[14] Akhondzadeh H, Fattahi A, Idris A K. Improving single well-SAGD performance by applying a new well configuration [J]. Liquid fuels technology, 2014, 32 (12): 1393-1403.
[15] Elliot K, Kovscek A. A numerical analysis of the single-well steam assisted gravity drainage (SW-SAGD) process, SUPRI TR-124 [J]. Petroleum science and technology, 2007, 19 (7-8): 733-760.DOI: 10.1081/LFT-100106898.
[16] 刘奇鹿.薄互层超稠油油藏蒸汽驱技术研究与试验[J].特种油气藏,2022,29(6):97-103.
[17] 李岩.大庆西部斜坡区稠油油藏热采开发界限研究[J].断块油气田,2016,23(4):505-508.

复合体系性能评价方法的优化及应用

刘春天　郭春萍

（大庆油田有限责任公司勘探开发研究院）

摘　要：驱油体系性能直接影响复合驱的技术效果和经济效益，复合体系性能测试方法可为筛选、研制复合体系提供必要数据。以大庆油田编写的 SY/T 6424《复合驱油体系性能测试方法》为基础，进一步研究不同实验参数对评价结果的影响。实验结果表明，检测界面张力时油滴大小应合理，体系黏度不宜过高；较优的动态界面张力曲线应是快速降低到 10^{-3} mN/m 数量级，并维持相对较长时间。油砂粒径越小，黏土矿物含量越高，对复合体系的吸附作用越强，应针对不同区块的储层矿物特征合理设计化学剂浓度。大庆油田利用研究结果筛选化学剂、优化复合体系配方、监测注入体系质量，复合驱现场试验提高采收率 18 个百分点以上。

关键词：复合驱；提高采收率；体系配方；性能

Optimization and Application of Composite System Evaluation Method

Abstract: The performance of displacement system directly affects technical and economic benefit of composite flooding. Testing method for composite system can provide necessary data for screening and developing composite systems. Further study the impact of different experimental parameters on the evaluation results using the industry standard SY/T 6424 established by Daqing Oilfield. When detecting interfacial tension, the size of oil droplets should be reasonable, and the viscosity of the system should not be too high. Optimal dynamic interfacial tension should reach the order of 10^{-3} mN/m and be maintained for a relatively long time. The smaller the particle size of oil sand and the higher the content of clay minerals, the stronger the adsorption effect on the composite system. Reasonable design of chemical agent concentration should be based on the mineral characteristics of reservoirs in different blocks. The research results are used in Daqing Oilfield to guide the selection of chemical agents, optimize the formulation of composite systems, and monitor the quality of injection systems. The on-site test of composite flooding improves the recovery rate by more than 18 percentage points.

Keywords: composite flooding ; oil recovery rate ; system formula ; performance

---

第一作者简介：刘春天，女，1975 年出生，大庆油田有限责任公司勘探开发研究院，高级工程师，主要从事三次采油相关工作。

1 前言

复合驱技术作为一种重要的提高采收率方法,已获得国际的广泛关注。驱油体系性能直接影响复合驱的技术效果和经济效益。由于复合体系包含聚合物、表面活性剂和碱等多种化学剂,且驱油过程中存在化学剂之间的协同作用、化学剂与原油和储层之间的相互作用,机理非常复杂,需要持续开展驱油效果影响因素等研究。采用大庆油田建立的复合体系性能测试方法,细化界面张力和抗吸附性能评价实验参数,分析性能对采收率的影响,指导针对不同类型油层个性化设计驱油体系配方,为现场试验提供合理的注入方案。

2 实验部分

经过多年持续攻关,大庆油田以室内研究及开展的先导、扩大试验为基础,提出了包括界面张力、乳化、化学剂吸附、稳定性、驱油效果在内的复合体系性能评价方法。2000年编制了 SY/T 6424《复合驱油体系性能测试方法》,2014年结合复合体系性能测试的新仪器、新方法,对2000年版标准进行修订,进一步提高了标准的先进性和适用性。采用SY/T 6424—2014规定的实验方法,深入研究不同因素对复合体系界面张力和抗吸附等性能的影响。

2.1 实验仪器和设备

黏度计:DV2T型,美国 Brookfield 公司生产,检测温度45℃,转速6r/min。
界面张力仪:TX500C型,美国 CNG 公司生产,检测温度45℃,转速4500r/min。
密度计:精度 0.0001g/cm³。
电子天平:感量0.001g。
进样器:25uL 微量进样器,1mL、5mL 注射器。
摇床:Innova40型,美国 NEW BRUNSWICK SCIENTIFIC 公司生产。
多功能驱油装置:江苏华安科研仪器有限公司生产,实验温度45℃。

2.2 实验参数

聚合物:采用1600~1900万部分水解聚丙烯酰胺。
碱:分析纯 Na_2CO_3、分析纯 NaOH。
表面活性剂:现场用石油磺酸盐表面活性剂、烷基苯磺酸盐表面活性剂。
实验用水:矿化度 6778mg/L 模拟水,离子组成见表1。

表1 矿化度6778mg/L 模拟水配方

化学剂名称	NaCl	$CaCl_2$	$MgCl_2 \cdot 6H_2O$	Na_2SO_4	$NaHCO_3$
含量,g/L	3.977	0.028	0.046	0.093	2.634

实验用油：采油厂外输原油。物理模拟驱油实验用原油配制模拟油，45℃黏度为10.0mPa·s。

油砂：80～100目。

黏度测定：采用布氏黏度计，转速6.0r/min。

吸附：采用摇床温度45℃、转速120r/min，晃动24h。

表面活性剂浓度检测：两相滴定法。

碱浓度检测：酸碱滴定法。

3 不同因素对复合体系性能评价结果的影响

3.1 液滴大小和聚合物浓度对界面张力的影响

经典毛管数理论是提高采收率理论的重要基础，要提高残余油的采收率必须将水驱的毛管数值再增高10^2～10^4个数量级。因此，降低注入工作液与原油之间的界面张力，对于提高原油采收率至关重要。采用旋转滴法测量复合驱油体系与原油间的界面张力，分析油滴大小和溶液黏度对界面张力的影响。

在样品管中充满复合体系，再分别注入大小为0.5μL、1μL、2μL、3μL、4μL、5μL的油滴，密封装在旋转滴界面张力仪上，使样品管平行于旋转轴并与转轴同心，转轴携带液体自旋。在离心力、重力及界面张力作用下，油滴在复合体系中形成长球形或圆柱形液滴，测量液滴的长度、宽度、两相液体密度差及旋转转速，即可计算出界面张力值。

从图1可以看出，油滴越小，界面张力达到超低的时间越短；油滴在2.5μL以下时，界面张力变化较小，油滴大于3μL时，界面张力增幅暴涨。相同聚合物浓度条件下，强碱烷基苯磺酸盐体系与原油间的界面张力相对较低，弱碱石油磺酸盐体系偏高。

保持相同的弱碱、石油磺酸盐浓度，聚合物浓度分别为1500mg/L、2000mg/L，形成不同黏度复合体系，检测与原油间的界面张力。从图2可以看出，复合体系黏度越高，界

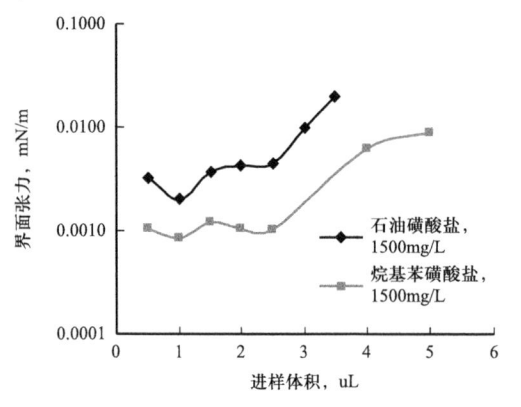

图1 油滴大小对界面张力的影响

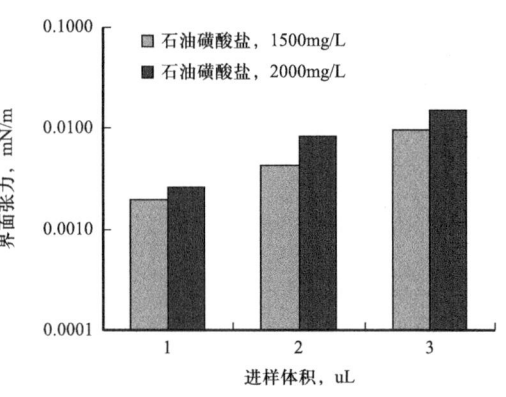

图2 聚合物浓度对界面张力的影响

面张力相对越高；油滴越小，黏度对界面张力的影响越小。因此，在检测界面张力时，应采用固定聚合物浓度和油滴大小，避免检测参数不同导致实验差异。

3.2 油砂类型和粒径对吸附性能的影响

化学剂的吸附损耗是影响复合驱驱油效率的重要因素。化学剂在油层岩石上吸附过快，吸附量过大，将导致驱油过程由于浓度降低、组分损失过快而失败。开展室内实验，将复合体系与不同类型油砂按照液固比 9∶1 放置于容量瓶中，在 45℃恒温摇床上震荡 24h，静置后检测上层澄清液中的化学剂浓度，分析油砂类型及不同粒径大小对复合体系的影响。

表 2　油砂类型和粒径对化学剂浓度的影响

化学剂浓度	黏土	钾长石	石英		
			80～100 目	100～120 目	120～150 目
表面活性剂浓度，%	0.06	0.17	0.23	0.21	0.20
碱浓度，%	0.93	1.06	1.08	1.04	1.00

从实验结果可以看出，黏土矿物对表面活性剂和碱的吸附作用较强，吸附后溶液中的表面活性剂和碱浓度明显下降。油砂类型相同时，粒径越小，表面积越大，对表面活性剂和碱的吸附作用越强。与油砂类型相比，相同类型油砂粒径对表面活性剂和碱的吸附作用较小。储层中的黏土矿物含量应是优化复合体系中表面活性剂和碱浓度时考虑的重点因素。

4　不同因素对复合体系驱油效果的影响

4.1　动态界面张力与驱油效率的关系

室内配制相同浓度条件下具有不同界面张力特征的复合体系，研究动态界面张力对驱油效率的影响。实验结果表明，平衡界面张力值为 10^{-2} mN/m、瞬时值随时间先降至超低又回弹至 10^{-2} mN/m 数量级的复合体系可以取得较好驱油效果（图 3、表 3），证明动态界面张力对驱油效率也具有重要贡献。复合体系动态界面张力最低值越低，界面张力下降速度越快，超低界面张力作用时间越长，化学驱提高驱油效率越高。

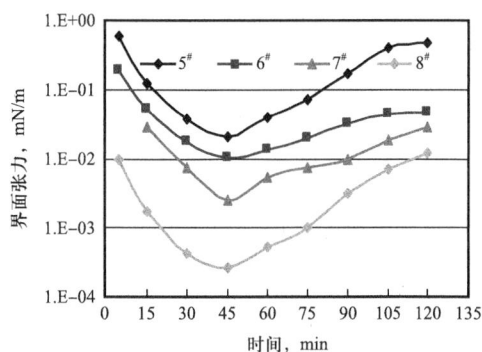

图 3　不同复合体系界面张力动态特征

表3 不同界面张力动态特征的复合体系驱油实验结果

编号	气测渗透率 mD	界面张力最低值 mN/m	界面张力平衡值 mN/m	水驱采收率 %	化学驱提高采收率 %
5#	828	3.74×10^{-2}	4.11×10^{-1}	46.91	18.24
6#	802	1.01×10^{-3}	4.70×10^{-2}	47.19	21.17
7#	797	2.58×10^{-3}	2.87×10^{-2}	46.65	22.85
8#	835	2.69×10^{-4}	1.21×10^{-2}	46.54	25.27

4.2 吸附性能与驱油效率的关系

将复合体系进行多次吸附，然后开展物理模拟驱油实验，分析吸附后的驱油效率损失程度（表4）。随着吸附次数增加，复合体系性能变差，驱油效率降低。吸附2次以前，驱油效率的变化程度较小，吸附2次后下降趋势明显。

表4 多次吸附后复合体系的驱油效率及降幅

吸附次数	表面活性剂浓度 %	碱浓度 %	驱油效率 %	驱油效率降低比例 %
0	0.2788	1.1	24.9	100.00
1	0.201	1.02	24.7	99.20
2	0.17	1	25.2	101.20
3	0.1428	1	23.5	94.38
4	0.1156	0.93	20.4	81.93
5	0.0646	0.92	17.7	71.08
6	0.0408	0.78	16.1	64.66
7	0.0255	0.71	14.1	56.63

根据以上研究结果，针对驱油体系进行筛选和优化，在大庆油田一类、二类A油层开展6个工业性矿场试验，提高采收率18个百分点以上，取得了显著的效果。随着对象向二类B、三类油层转变，渗透率低、矿物粒径小、黏土含量高，原油组成差异大，剩余油分布更加零散，有效动用难。根据不同区块具体情况筛选，优化驱油体系，调整化学剂浓度和段塞大小，实现二类B油层复合驱区块提高采收率16个百分点以上，有力支撑了大庆油田的持续稳产和高效开发。

5 结论

SY/T 6424《复合驱油体系性能测试方法》可为评价、优选复合体系提供准确、实用的操作规范和技术指导。采用该方法进一步研究油滴大小、体系黏度对界面张力检测结果的影响，以及油砂类型和粒径对吸附性能的影响，使技术细节更精准，检测结果更准确。物理模拟驱油实验表明，复合体系的动态界面张力特征、抗吸附性能影响提高采收率效果，较优的动态界面张力应达到 10^{-3} mN/m 数量级，并维持相对较长时间，应针对不同储层矿物特征合理匹配化学剂浓度，黏土矿物含量、油砂粒径大小是优化配方时重点考虑的因素。大庆油田通过优化复合体系配方、个性化设计注入方案，实现复合驱现场试验提高采收率18个百分点以上，具有显著的经济效益。

参 考 文 献

[1] 程杰成，廖广志，杨振宇，等.大庆油田三元复合驱矿场试验综述[J].大庆石油地质与开发，2001，20（2）：46-49.

[2] 李士奎，朱焱，赵永胜.大庆油田三元复合驱试验效果评价研究[J].石油学报，2005，26（3）：56-59.

[3] 王凤兰，伍晓林，陈广宇，等.大庆油田三元复合驱技术进展[J].大庆石油地质与开发，2009，27（6）：154-162.

[4] 张丽波，蔡红岩，王强.三元复合驱体系各组分静态吸附规律[J].油气地质与采收率，2014，21（2）：32-34.

[5] 张雷，吴文祥.三元复合驱油体系静态吸附规律研究[J].当代化工，2017，46（6）：1089-1091.

[6] 李柏林，张莹莹，代素娟，等.大庆萨中二类油层对三元驱油体系的吸附特性[J].东北石油大学学报，2014，38（6）：92-99.

生物酶提高采收率技术的室内研究

鹿守亮 王艳玲 王 颖 金 锐 李 星 张继元

（大庆油田有限责任公司勘探开发研究院）

摘 要：生物酶由微生物活体细胞产生，具有优越的性能，对难采油藏具有增产增注的效果。本文通过室内对比实验，研究了生物酶与表面活性剂 SDS 对低渗储层稠油作用的差异，分析了生物酶对低渗油藏的作用效果和优势，以及对此难采油藏的适应性。实验结果表明，低浓度的生物酶也具有降低油水的表面张力、乳化分散油滴的能力，剥离油膜改变岩心润湿性，能够降低原油重质组分，降解原油，降低原油的黏度；生物酶具有很强的洗油效果，比 SDS 表面活性剂洗油效果高 70%；与化学剂 SDS 相比，生物酶对低渗稠油油藏具有很强的提高采收率优势。

关键词：生物酶；提高采收率；接触角；乳化原油；降黏降解

Laboratory Study on Bioenzyme Enhanced Oil Recovery Technology

Abstract: Biological enzymes produced by living cells of microorganisms have superior properties and can increase oil production in difficult oil reservoirs. In this paper, through laboratory comparative experiments, the differences of the effects of bioenzyme and surfactant SDS on heavy oil in low permeability reservoir were studied, and the effects and advantages of bioenzyme on low permeability heavy oil and the adaptability to difficult oil reservoirs were analyzed. The experimental results showed that low concentration of biological enzymes can also reduce the surface tension of oil and water, emulsify and disperse oil droplets, peel oil film to change the core wettability, reduce the heavy components of crude oil, degrade crude oil and reduce the viscosity of crude oil. The cleaning effect of bioenzyme is 70% higher than that of SDS surfactant. Compared with SDS, bioenzyme has a strong advantage in enhancing oil recovery in low permeability heavy oil reservoirs.

Keywords: biological enzymes; improve oil recovery rate; contact angle; emulsified crude oil; viscosity reduction degradation

---

第一作者简介：鹿守亮，男，1973 年 11 月 21 日出生，南开大学，大庆油田有限责任公司勘探开发研究院，高级工程师，主要从事三次采油相关工作。

1 前言

生物酶是采用基因工程、细胞工程等现代技术提取的一种以蛋白质为基质的生物催化剂，由微生物活体细胞产生，具有催化能力，能够释放吸附在岩石表面的油膜，改变岩石表面润湿性，快速把油滴和固体分离；催化过程为生化反应，反应结束时，生物酶的化学性质和数量不发生变化，也不会被破坏。生物酶可增加地层渗透率，是由于酶使堵塞在岩石孔道中的原油高分子均匀分散在水中，形成水包油乳液，使分解后的原油垢具备流动能力。酶将有机堵塞物中的烃类、胶质沥青的大分子降解成小分子，打散分子团，降低原油黏度。生物酶利用和原油的分子间作用力破坏原有的分子间作用力，将原油大分子分散成小分子，生物酶从水相扩散进入原油内部，使长链烃、异构烃降解为短链、中链、直链烃，降低黏度，并在杂原子连接处断裂，使相对分子质量降低，从而降低黏度。生物酶的适用温度范围广（最高适用180℃）、耐酸碱、耐矿化度；生物酶本身会降解，不损害地层，不会造成环境污染，满足HSE要求。生物酶通过改变储集层岩石的润湿状态，使储集层岩石从亲油性改变为亲水性，减少原油在储层孔隙中的流动阻力，使原油从岩石颗粒表面释放，从微孔隙中析出，达到解堵、驱油、提高油藏采收率的效果。

据报道，生物酶作用机理是酶的活性中心与原油发生化学吸附作用，引起原油分子的变形和活化，降低了原油分子的活化能，从而在较温和的条件下加速了原油剥离生化反应的速度。当酶与原油相接触时，酶活性中心与原油结合，酶中的催化基团与结合基团发生诱导契合，形成"酶—原油的契合物"，疏通被堵塞的油流通道，降低地层流体流动阻力；油田在开采过程中随着油田开采压力的变化，岩石中易产生微颗粒的松动与运移，加之以颗粒为中心，原油中蜡质和沥青质等有机物质附着沉积在颗粒壁上，形成油蜡包裹体，随着有机物质长时间堆积成长，便会堵塞出油通道。生物酶将岩石颗粒与油蜡包裹体分离，疏通堵塞的油、水通道，而且分离的油滴稀释后快速聚合形成稀释油流带，建立新的孔隙和通道，提高地层内部的渗透能力，降低了液体流动阻力。生物酶改变油藏岩石表面润湿性，提高原油流动性，使稠油降黏，改善原油流变特性，使油砂分离，抑制地层出砂等机理，使得生物酶成为低渗稠油提高采收率最具有潜力的技术，应用前景广阔。

2 实验部分

2.1 实验设备及化学药剂

2.1.1 实验设备

表面张力仪（KRUSS K100C）、黏度计（DV2T）、接触角检测仪、电子显微镜（IV99）、色谱分析仪、法国teclis界面流变仪、水浴、烘箱、摇床。

2.1.2 实验药品和油水

生物酶驱油剂（圣君宇生物酶集团天津工厂生产的 Hy-1 型生物酶，有效浓度为 20%）、SDS（天津化工生产的分析纯试剂十二烷基硫酸钠，有效含量 99%）、去离子水、大庆采油八厂原油和经过滤处理后的地层污水。

2.2 实验内容及详细步骤

2.2.1 表面张力实验

将生物酶用去离子水稀释配置成不同浓度的生物酶溶液，同样 SDS 样品用去离子水配置成不同浓度的 SDS 溶液，然后用表面张力仪（KRUSS K100C）在 25℃条件下测定样品的表面张力值，用对数坐标画出不同浓度级别的不同表面张力曲线。

2.2.2 乳化实验

首先将油样放入温度为 60℃的烘箱加热，然后生物酶及 SDS 溶液分别与原油体积比为 1:1 放入 20mL 具塞量筒内，充分摇晃 20 次，然后放入烘箱中 30min，待油水分层，用微升注射器分别取下部的水相和中间处的中相，滴在载玻片上选择目镜 40×，物镜 100×，观察水相及中相乳状液的状态，所生成的微观图像对生物酶和 SDS 的乳化效果进行分析，同时对它们的乳化指数（中相占油水总体积的百分比）进行对比分析。

2.2.3 原油降黏及降解实验

用若干个 250mL 三角瓶分别装入不同浓度的生物酶和 SDS 溶液 100mL，同时每个三角瓶中加入 50mL 原油，放入 60℃摇床 120r/min 摇一周，然后将原油取出进行离心脱水，用黏度计（DV2T）检测原油的黏度变化及利用色谱分析仪检测原油组分降解的变化。

2.2.4 润湿性实验

首先将低渗岩心块表面打磨平整，表面用原油饱和，放入烘箱 48h，然后在岩心块表面滴上实验用油滴，将此岩心块放入装有不同测量溶液的石英皿中，利用法国 teclis 界面流变仪动态接触角测量功能，测量岩石表面油滴在水溶液中稳定时的状态，即测量水/油/固的三相接触角，进行对比分析生物酶和 SDS 对油滴的作用程度和分析改变油藏润湿性作用。

2.2.5 洗油实验

洗油效率的静态洗油实验的步骤为：选取粒径 150～200 目的天然岩心粉碎的石英砂，然后用原油老化，质量比为砂:油=4:1，60℃老化 48h，用处理过的老化原油进行本实验；取 25mL 试管，将每支试管装入 13g 老化后的油砂，然后装入 15mL 配置好的溶液体系，将试管封口后放入 60℃烘箱 48h，记录出油量并计算最终的洗油效率。

3 实验结果与讨论

3.1 表面张力实验结果

如图1所示,将生物酶用去离子水稀释配置成不同浓度的生物酶溶液,同样SDS样品也用去离子水配置成不同浓度的SDS溶液,然后用表面张力仪(KRUSS K100C)在25℃条件下测定样品的表面张力值,结果表明生物酶在$1\times10^{-3}\%\sim1\times10^{-8}\%$超低质量分数下仍然具有较低的表面张力,而SDS在质量分数小于$1\times10^{-3}\%$时表面张力近似于去离子水,说明生物酶在超低浓度下具有明显优势,这是化学表面活性剂无法比拟的特点,但两者同样在质量分数接近0.1%时表面张力达到了最低的CMC点,说明生物酶具有表面活性剂相同的性质。

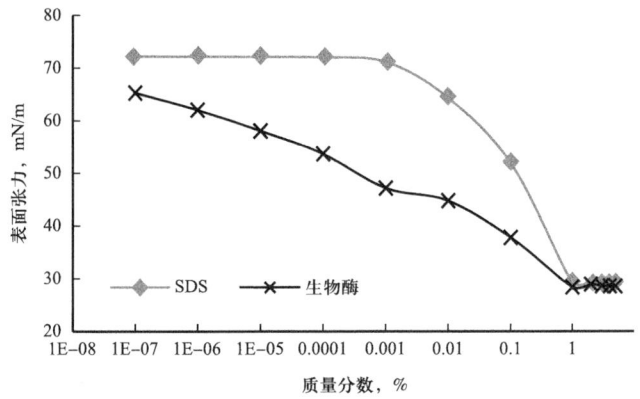

图1 不同浓度的SDS与生物酶表面张力的对比曲线

3.2 乳化实验结果

油水体积比为1:1不同浓度生物酶与SDS[生物酶0.1%~0.5%(质量分数)五种浓度,SDS为0.1%~0.5%五种浓度]的乳化实验对比分析,如图2中A组图和B组图所示,下相水中SDS所含油滴较少,而生物酶溶液的水包油滴相对较多,生物酶水包油效果好于SDS表面活性剂溶液,说明生物酶具有与表活剂相似的功能,能够使油滴分散在水相中。如图2中C组图和D组图所示,乳状液中相的微观显微镜照片显示,D组图生物酶的乳化能力明显要比C组图SDS的乳化能力强、乳化状态好、乳滴多重包裹明显,随着浓度的升高,生物酶的中相乳液状态稳定均匀,而SDS乳化程度比较弱且相对不稳定,并且由图3所示,SDS的乳化中相的体积比生物酶的中相体积小很多,对此稠油的乳化作用不如生物酶强,说明生物酶具有分散乳化携带油滴的能力,适合油藏驱油的应用,生物酶尺寸仅仅是微生物细菌的千分之一,特别适合开发难度大的低渗稠油油藏区块提高采收率。

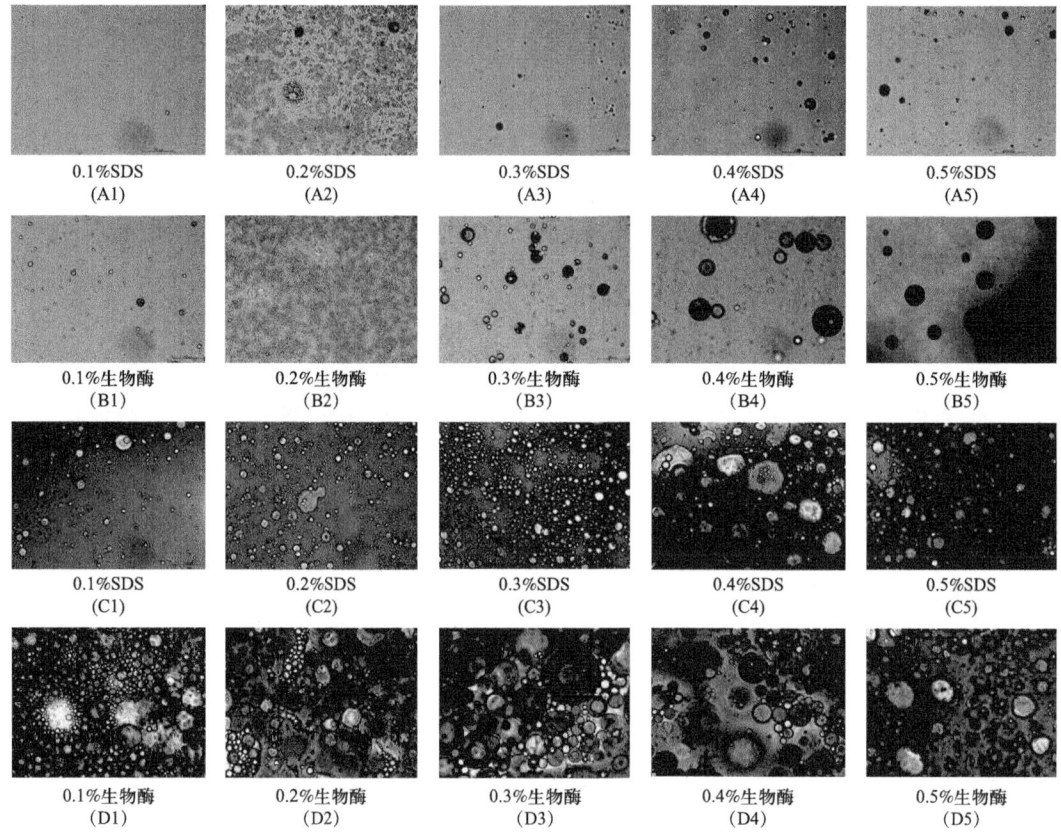

图 2 乳液的水相显微镜照片及中相乳化状态显微镜照片

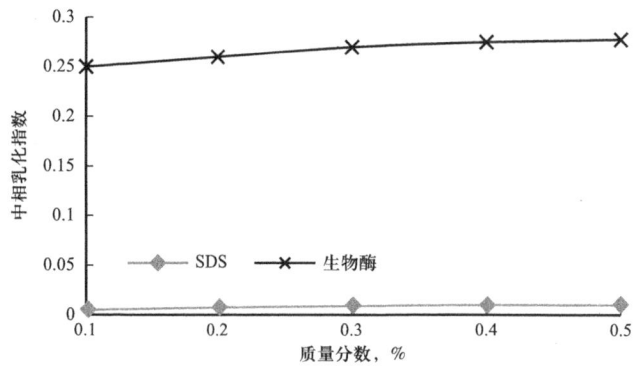

图 3 乳化中相乳化指数

3.3 原油降黏及降解实验结果

由降黏率的对比曲线（图 4）可以看出，不同质量分数的生物酶体系中，原油黏度降低趋势显著，降黏率达到了 70% 以上的效果，降黏的作用效果远远高于 SDS，生物酶比 SDS 的降黏效果显著，随着浓度的升高生物酶降黏率持续升高，而 SDS 的降黏效果远不如生物酶。生物酶利用和原油的分子间作用力，从而破坏原油内部的分子间作用力，生物酶从水相扩散进入原油内部，将原油大分子分散成小分子，小分子的长链烃、异构烃降解为短链、中链、直链烃，生物酶分子可以使杂原子在连接处断裂，使原油相对分子质量降低，从而大大降低原油的黏度；因此，酶可以使堵塞在岩石孔道中的高分子原油均匀分散在水中，形成水包油乳液，使分解后的原油垢具备流动能力，这就是生物酶的降黏解堵作用。

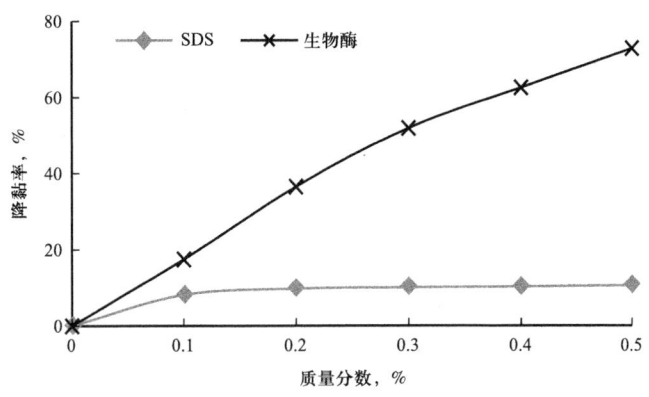

图 4　SDS 与生物酶降低黏度对比曲线

从降解原油组分的实验结果（图 5）可以看出，生物酶具有明显的降解作用，而 SDS 不具备此特点，生物酶可以降解原油的部分重质组分（$C_{16} \sim C_{30}$），并生成了大量轻质组分（$C_2 \sim C_{14}$），使原油的平均相对分子质量从 294 降到了 208，这使得原油无论是流动性还是脱离岩石表面的能力都能够有所改善，从而提高稠油油藏的采收率。因此，这种降解原油的特性可以将小孔隙中的原油有机堵塞物，如中烃类、胶质沥青等的大分子降解成小分子，打散分子团，从而降低原油黏度，增加原油在地下孔隙中的流动性（降黏、解堵、增注、增产作用），有效地提高原油采收率。

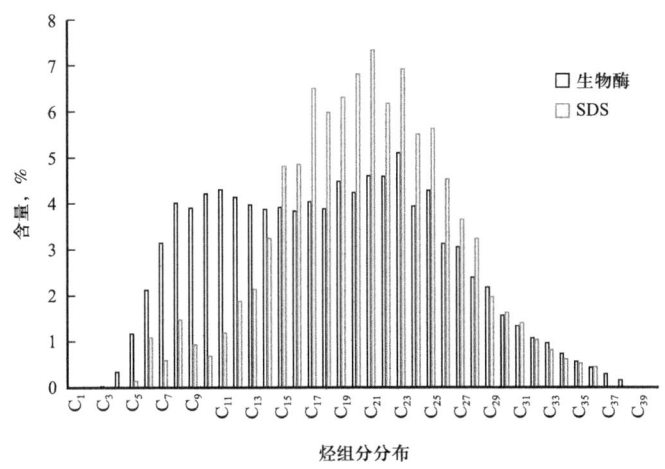

图 5　SDS 与生物酶降解原油烃组分对比图

3.4 改变润湿性实验结果

通常研究润湿性是通过测量气/液/固的三相接触角而得到不同的固体表面润湿状态，而油藏内部则主要是以水/油/固接触角的不同作用状态而体现出不同化学剂体系的油藏润湿性及润湿反转的作用。因此，选用以水/油/固接触角测量的方式，比分析SDS与生物酶对改变油藏润湿性作用效果进行实验研究符合实际。如图6所示的动态接触角测量实验结果表明，在相同条件下测得生物酶的水/油/固接触角53.5°明显高于SDS的水/油/固接触角22.1°，说明生物酶改变油藏润湿性的能力高于SDS。

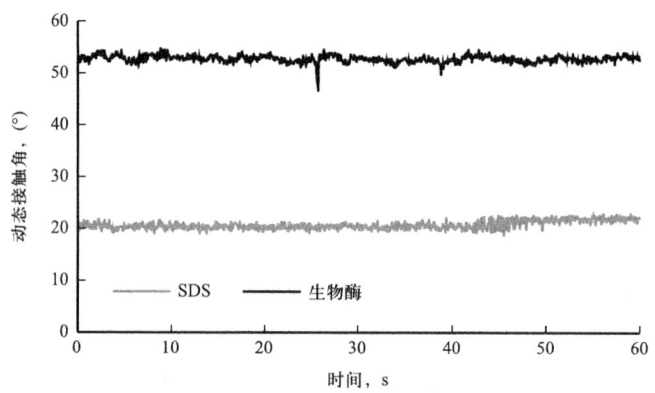

图 6　SDS 与生物酶的水/油/固动态接触角对比曲线

3.5 洗油效率实验结果

由图7给出不以水/油/固接触角同浓度下生物酶与SDS洗油效果对比曲线。选取粒径150～200目的天然岩心粉碎的石英砂，然后用原油老化，质量比为砂：油=4：1，60℃老化48h，用处理过的老化原油进行本实验；取25mL试管，将每支试管装入13g老化后的油砂，然后装入15mL配置好的溶液体系，将试管封口后放入60℃烘箱48h，记录出油量并计算最终的洗油效率。最终生物酶的洗油效率比SDS高70%，生物酶不仅能够

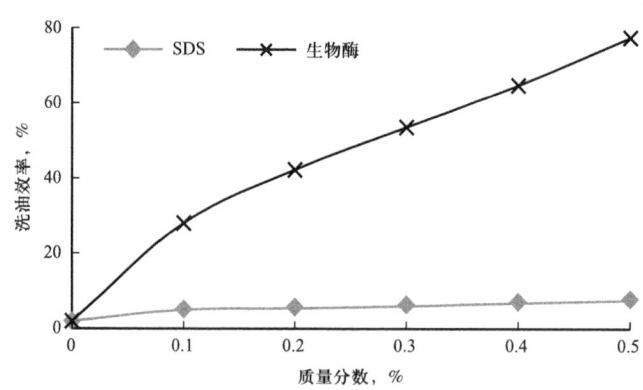

图 7　SDS 与生物酶的油砂洗油效率对比曲线

剥离油膜，而且能够使油滴增容到水相，经过充分浸泡的油砂，使油和砂实现了分离的目的，这不仅能够应用于油藏驱油，而且对处理无效、低效井组具有一定的作用。

4 结论

生物酶在超低的质量分数下仍然具有较低的表面张力；生物酶的乳化能力明显要比 SDS 强、乳化状态好、乳滴多重包裹明显，中相乳液状态稳定均匀；生物酶具有降解原油和降黏解堵作用，生物酶将原油大分子分散成小分子，使原油相对分子质量降低，从而降低原油的黏度，高分子原油分散在水中，形成水包油乳液，使分解后的稠油具备流动能力；生物酶改变岩石表面润湿性的能力高于 SDS；实验结果表明生物酶比 SDS 高 70% 的洗油效率，说明生物酶具有将岩石颗粒与油蜡包裹体分离的能力，可提高地层内部的渗透率，提高原油流动性。

参 考 文 献

[1] 杨德华, 董治学, 罗波. 生物酶解堵技术现场试验研究[J]. 石油天然气学报, 2008, 30 (6): 321-323.

[2] 朱建红, 蒲春生. 低渗透油藏复合生物酶驱油室内实验研究[J]. 油气地质与采收率, 2012, 19 (2): 32-36.

[3] 邵立明. 生物酶解堵剂在胜利油田的应用[J]. 精细石油化工进展, 2012, 13 (11): 5-7.

[4] 王志瑶. 低渗透油田生物酶驱油先导性试验研究[J]. 特种油气藏, 2010, 17 (6): 94-96.

[5] 李道山, 史明义. 大港油田港西驱油生物酶先导性实验研究[J]. 油气采收率, 2009, 16 (4): 64-67.

[6] 才艳华. 低渗透油田生物酶降压增注技术[J]. 中外能源, 2010, 15 (8): 47-50.

[7] 孔金, 李海波, 周明亮. SUN 生物酶解堵剂及其在胜利海上油田的应用[J]. 油田化学, 2005, 22 (1): 23-24.

[8] 李公让. 生物酶对钻井液的降解性能影响因素及解堵作用研究[J]. 油气地质与采收率, 2011, 18 (2): 98-101.

[9] 姜国文, 董伟, 岳天明. 生物酶强化采油技术的研究[J]. 沈阳化工学院学报, 1995, 9 (2): 146-154.

[10] 王渊, 李兆敏, 李宾飞. 生物酶改变岩石表面润湿性实验研究[J]. 油气地质与采收率, 2005, 12 (1): 71-72.

[11] 詹立坚. 生物环保酶解堵技术在扶杨油层的应用[J]. 长江大学学报（自然版）, 2014, 11 (14): 71-72.

[12] 冯庆贤, 汪娟娟. 改性生物酶驱油先导矿场试验[J]. 断块油气田, 2008, 15 (4): 83-86.

[13] 邓正仙, 梁远安, 翁高富. 阿波罗生物酶解堵技术在百色油田的应用[J]. 南方油气, 2006, 19 (1): 67-70.

[14] 王建国, 吴超. LS 生物酶油水井解堵技术及其应用[J]. 大庆石油学院学报, 2009, 33 (5): 82-85.

[15] 唐浩, 陈英. 川渝油气田压裂用生物酶破胶技术的研究与应用 [J]. 石油与天然气化工, 2013, 42 (4): 398-400.
[16] 苏崇华. 生物酶解堵增产研究与应用 [J]. 石油钻采工艺, 2008, 30 (5): 96-100.
[17] 柯岩, 谌国庆. 生物酶驱油技术在低渗油田的研究及应用 [J]. 石油与天然气化工, 2016, 45 (1): 79-82.

一体化缔合携砂滑溜水体系的研究与应用

王一明　戴　鲲　吕　宁　陈巧梅　王珂昕

（大庆油田井下作业分公司工程地质技术大队）

摘　要：一体化缔合携砂滑溜水压裂液在低配比时体现减阻剂的线性特点，减阻率达到 70% 以上；在高配比时体现压裂液的网状或胶束特点，实现高配比携砂功能，0.4% 的稠化剂配比可实现 40% 以上砂比施工。压裂液体系只有一种稠化剂，通过改变其配比调节压裂液黏度，实现施工全程一剂到底；施工工艺上实现了自动化连续混配，降低了劳动强度。返排水再配滑溜水、混掺水配制携砂液工艺缓解了排液带来的环保压力，实现了水力压裂清洁生产。

关键词：水力压裂；低浓度减阻；高浓度携砂；自动化；返排液

Research and Application of Integrated Associated Sand Carrying and Slippery Water System

Abstract: In terms of performance, the integrated associated sand-carrying slick water fracturing fluid technology requires the system to reflect the linear characteristics of the drag reducing agent at low ratios, with a drag reduction rate of more than 70%, which therefore could achieve the drag reduction function at low ratio. While the network or micelle characteristics of the fracturing fluid should be reflected in order to realize the san-careying function, in which case the thickener ratio of 0.4% can achieve construction with a sand ratio of more than 40%. In terms of the preparation process, the fracturing fluid system has only one thickener, and the viscosity of the fracturing fluid is adjusted by changing its ratio to achieve one dose throughout the entire construction process. The construction process realizes automated continuous mixing which reduces labor costs. The process of mixing flowback water with slick water and mixing water to prepare sand-carrying liquid alleviates the environmental pressure caused by drainage and realizes clean production of hydraulic fracturing.

Keywords: hydrofracture, drag reduction function at low ratio, sand careyingat high ratio, automation, flowback fluid

---

作者简介：王一明，女，1994 年 2 月出生，毕业于辽宁石油化工大学，大庆油田井下作业分公司，压裂液岗，主要从事压裂液的研发工作。

随着缝网和体积压裂等大型压裂技术的应用量逐年加大，施工周期长、施工场地受限、施工排量大等实际情况对压裂液的选择标准更为严格。以往国内在缝网压裂施工中，使用低黏液体（滑溜水）低砂比造复杂裂缝，高黏液体（胍胶压裂液）高砂比造主裂缝形成高导流能力通道，使用的是两种不同液性的工作液，需要分别配制，施工工艺及设备各不相同，且需准备的添加剂种类多，造成现场配制工艺繁琐，而且不同液性的混合液对压后返排液的处理再利用增加了成本投入和技术难度；从 2017 年开始推广应用缔合压裂液，主要采用减阻剂配制滑溜水，缔合压裂液配制携砂液，配制流程、施工工艺及设备相同，与初期工艺相比，简化了现场配制工艺，但是压裂液体系原材料种类依然不同。针对以上问题通过对常规缔合压裂液进行技术调整和性能优化，形成了一种一体化缔合携砂滑溜水压裂液技术，压裂期间全程用料相同，只是通过改变稠化剂浓度来实现低配比减阻、高配比增黏携砂的效果，进一步简化了现场工艺，首次提出了施工过程中可以随时根据支撑剂比例调节压裂液配比的理念，降低了配液的原材料成本。

一体化缔合携砂滑溜水是由提高采收率用稠化剂和提高采收率用表面活性剂两种液体组成的不同比例的压裂液体系，其中提高采收率用稠化剂的主要成分是缔合聚合物，它是一种在主链上引入极少量疏水基团的高分子聚合物。在高配比聚合物浓度 C_p>CAC（临界缔合浓度）时，疏水缔合聚合物增稠剂溶于水后，这些超分子聚集体通过分子间作用力相互结合，形成布满整个溶液空间的三维网状结构，不仅可以速溶增黏，而且悬砂性能好；在低配比时稠化剂是一种线性结构流体，具有良好的减阻性能。此外缔合压裂液破胶彻底、无残渣，对储层孔隙及支撑剂导流无伤害。

1 实验材料与方法

1.1 材料与仪器

主要材料：一体化缔合稠化剂、改性胍胶、快速水合胍胶、表面活性剂、碳酸钠、碳酸氢钠、氯化钾、交联剂、液体破胶剂、过硫酸钾、亚硫酸钠。

主要实验仪器有：Fann35 黏度计，美国；Sigma701 表界面张力仪，瑞典 BIOLIN 百欧林；GS105 干燥箱，大庆博瑞特石油机械设备有限公司；LDZ5-2 低速自动平衡离心机，北京医用离心机厂；BS223S 电子天平，赛多利斯科学仪器（北京）有限公司；MS-7495L 摆式摩擦系数测定仪，武汉木森电器有限公司。

1.2 一体化缔合携砂滑溜水配制

500mL 实验室水，加入 0.1%～0.8% 的稠化剂，匀速搅拌 1min，加入 0.2% 表面活性剂，再搅拌 1min 至搅拌均匀。

2 结果与讨论

2.1 增黏及携砂性能实验

配制 0.1%~0.8%不同浓度缔合液,用 Fann35 黏度计分别检测 2min 和 5min 时的基液黏度;用 20~40 目石英砂静态携砂 20min,实验结果如表 1 所示。

表 1 不同浓度缔合液黏度及携砂结果

名称	稠化剂配比,%	2min 黏度,mPa·s	5min 黏度,mPa·s	增黏速率,%	可携砂比,%
滑溜水 1	0.1	4.6	4.6	100	<10
滑溜水 2	0.2	13.5	13.5	100	10~20
滑溜水 3	0.3	19.5	22.5	86.7	20~30
滑溜水 4	0.4	34.5	40.5	85.2	30~42
滑溜水 5	0.6	57	60	95	>40
滑溜水 6	0.8	63	78	80.8	>40

通过实验可以看出,在 0.1%~0.8%加量中,压裂液黏度从 4.6mPa·s 提升至 78mPa·s,说明可以通过改变稠化剂加量来控制压裂液黏度;不同配比条件下一体化缔合压裂液 5min 内的增黏速率均在 80%以上,说明具有溶解速度快的特点,在现场配制时不需要过长溶胀时间,符合大规模连续混配条件。随着稠化剂加量增加,可携砂比逐渐增加,说明在施工中可以根据不同阶段的砂比需求来调整稠化剂配比,这样就可以改变以往"变砂比,定稠化剂配比"的施工模式,以避免稠化剂的浪费。

2.2 减阻性能实验

分别配制 0.05%和 0.1%浓度压裂液加入到减阻仪储液罐中,缓慢调节动力泵的转速,使整个测试管路充满测试液体;读取该线速度下压裂液的压差,1min 内压差变化小于 1%时,求取这 1min 内压差的平均值,实验结果如表 2 所示。

表 2 低浓度稠化剂减阻性能

序号	稠化剂配比,%	黏度,mPa·s	减阻率,%
1	0.05	2.46	74.1
2	0.1	4.6	73.9

通过实验结果可以看出,稠化剂在 0.05%~0.1%低配比时具有减阻性能,减阻率均在 70%以上,可以有效降低施工压力,提高压裂中造缝能力。以上实验可以看出,该稠

化剂可以通过改变加量实现低配比减阻、高配比增黏携砂效果。

2.3 岩心配伍性评价

选取不同区块的3口实验井岩心用固体粉碎机粉碎，筛取12～20目的岩屑，在105℃下加热4h。分别在滑溜水、快速水合胍胶、改性胍胶压裂液的破胶水化液中恒温（该岩心地层温度）下浸泡4h后烘干，用30目的筛子筛取岩屑，称重，分别计算分散率，如表3所示。

（a）一体化携砂滑溜水配方：

滑溜水1：0.1% 稠化剂 +0.2% 表面活性剂；

滑溜水4：0.4% 稠化剂 +0.2% 表面活性剂 + 0.05% 过硫酸钾。

（b）改性胍胶配方：

0.35% 改性胍胶 +0.1% 碳酸钠 +0.02% 碳酸氢钠 +0.2% 表面活性剂 +1%KCl+0.1% 破乳剂 +0.06% 消泡剂 + 0.3% 低浓度交联剂 + 0.05% 过硫酸钾。

（c）快速水合胍胶配方：

0.35% 快速水合胍胶 +0.1% 碳酸钠 +0.02% 碳酸氢钠 +0.2% 表面活性剂 +0.1% 破乳剂 +0.06% 消泡剂 + 0.3% 低浓度交联剂 + 0.05% 过硫酸钾。

表3 压裂液与不同区块岩心分散率实验

井号	压裂液类型		筛前岩屑质量，g	筛后岩屑质量，g	分散率，%	平均分散率，%
1井		清水	2.4913	2.3401	6.07	5.76
			2.6380	2.4941	5.45	
	缔合压裂液	滑溜水1	2.8005	2.6807	4.28	4.10
			2.8084	2.6980	3.93	
		滑溜水4	2.7931	2.6904	3.68	3.50
			2.8043	2.7111	3.32	
	胍胶压裂液	改性胍胶	3.0052	2.8547	5.01	4.72
			3.0360	2.9012	4.44	
		快速水合胍胶	3.0408	2.9390	3.35	3.72
			3.0506	2.9258	4.09	
2井		清水	3.074	2.398	22.01	21.8
			3.020	2.368	21.59	
	一体化压裂液	滑溜水1	3.098	2.590	16.40	15.68
			3.011	2.560	14.96	
		滑溜水4	2.927	2.508	14.32	13.77
			3.033	2.632	13.21	

续表

井号	压裂液类型		筛前岩屑质量, g	筛后岩屑质量, g	分散率, %	平均分散率, %
2井	胍胶压裂液	改性胍胶	3.098	2.467	20.37	19.33
			2.927	2.392	18.30	
		快速水合胍胶	2.924	2.584	11.64	11.46
			2.9862	2.6493	11.28	
3井	清水		3.0223	2.183	27.8	28.1
			3.0786	2.2046	28.4	
	一体化压裂液	滑溜水1	3.0664	2.4199	21.1	22.6
			3.0318	2.3016	24.1	
		滑溜水4	2.9645	2.3172	21.8	21.4
			2.9953	2.3695	20.9	
	胍胶压裂液	改性胍胶	2.9609	2.2558	23.8	25.0
			2.9422	2.1745	26.1	
		快速水合胍胶	3.0485	2.4139	20.8	20.1
			2.9643	2.3879	19.4	

从实验结果上显示，一体化滑溜水对3口实验井的岩心伤害均较小，具有良好的适应性。

2.4 残渣含量实验

配制破胶水化液100mL，2支恒量的离心管中各加入50.0g溶液，3000r/min离心30min，倒出上层清液，加蒸馏水至50mL，用玻璃棒搅拌洗涤，离心20min，倒出上层清液后将离心管置于105℃恒温干燥箱中，烘干至恒重。不同体系压裂液残渣含量如表4所示。

表4 不同体系压裂液残渣含量

压裂液种类	滑溜水1	滑溜水6	改性胍胶
压裂液量, mL	100	100	100
破胶残渣质量, mg	0	0	11.9
残渣含量, mg/L	0	0	238

从实验结果可以看出滑溜水压裂液没有残渣，而改性胍胶压裂液的残渣含量为238mg/L，可见滑溜水压裂液破胶十分完全，在压裂过程中，减少了外来固相对储层岩心孔喉和支撑裂缝的堵塞。

2.5 破胶性能实验

一体化缔合携砂滑溜水体系由于在不同储层施工,储层温度和压裂液的黏度是影响破胶性能的两个重要因素。配制不同浓度基液 300mL,加入所需要量的破胶剂,置入密闭容器里,然后将密闭容器置于恒温烘箱中,温度设置要求和储层温度一致。观察密闭容器内压裂液黏度的变化,当 12h 内压裂液黏度值小于或等于 5mPa·s 时,则视为压裂液破胶。最终一体化缔合滑溜水形成了不同温度、不同破胶剂的破胶剂用量,如表 5 所示。

表 5 不同破胶剂用量总表

压裂液	破胶剂	破胶温度,℃	种类及用量	破胶黏度 mPa·s
滑溜水 1	无需加破胶剂	20	—	3.56
		40	—	2.31
		70~90	—	1.56
滑溜水 2	液体破胶剂	20	未破胶	—
		40	0.8%WQ-1+0.2%WQ-2	2.12
		70~90	0.05%WQ-1	1.98
	固体破胶剂	20	未破胶	—
		40	0.2% 过硫酸钾 +0.05% 亚硫酸钠	2.98
		70~90	0.05% 过硫酸钾	2.34
滑溜水 3	液体破胶剂	20	未破胶	—
		40	0.8%WQ-1+0.2%WQ-2	3.05
		70~90	0.05%WQ-1	2.16
	固体破胶剂	20	未破胶	—
		40	0.2% 过硫酸钾 +0.05% 亚硫酸钠	2.32
		70~90	0.05% 过硫酸钾	1.96
滑溜水 4	液体破胶剂	20	未破胶	—
		40	0.8%WQ-1+0.2%WQ-2	2.56
		70~90	0.1%WQ-1	3.46
	固体破胶剂	20	未破胶	—
		40	0.2% 过硫酸钾 +0.05% 亚硫酸钠	2.35
		70~90	0.05% 过硫酸钾	1.86

实验结果表明,滑溜水 1 黏度低,无须破胶;携砂滑溜水在低温 20℃不易破胶,不利于返排,所以不宜使用在 20℃井中;而 40℃以上井合理使用破胶剂种类及用量可以应

用；破胶剂用量的确定，可以为压裂施工提供有效实验支撑。

2.6 其他性能

一体化缔合携砂滑溜水在满足现场压裂施工黏度后，对各个阶段的滑溜水进行综合性能评价，评价结果如表6所示。

表6 一体化缔合携砂滑溜水总体性能评价表

配方	表面张力 mN/N	界面张力 mN/N	破胶液黏度 mPa·s	破乳率 %
指标	≤32	≤3	≤5	≥95
0.1% 稠化剂 + 0.2% 表面活性剂	24.3	1.86	1.65	96
0.2% 稠化剂 + 0.2% 表面活性剂	24.6	1.34	2.13	96
0.3% 稠化剂 + 0.2% 表面活性剂	25.6	1.90	2.35	96
0.4% 稠化剂 + 0.2% 表面活性剂	26.3	1.89	2.29	97

通过室内评价，一体化缔合携砂滑溜水性能达到行业及施工标准要求（SY/T 7627—2021《水基压裂液技术要求》）。

3 施工工艺及应用效果

3.1 施工工艺优化

一体化缔合携砂滑溜水在配液施工工艺上实现了自动化连续混配，可实现自动化加料、清洗、搅拌及远程监控等一系列传统罐车所无法实现的自动控制功能，仅需1人在仪表车内操控即可完成全部配液流程，真正做到了"智能油田"。随混砂车排量变化同步调整添加剂泵送量的功能，实现了两种添加剂泵的泵送排量与混砂车排量同步，根据配比要求，自动调整原材料泵送排量。同时，开发调整程序，将添加剂输出流量、添加比例、泵送压力、输送总量和剩余量、温度等数据在压裂仪表车内监测。其中，输出流量、添加比例、温度控制、搅拌等功能通过无线传输的方式进行操控，所有功能均可在手机APP上监测。自动化连续混配工艺使原材料精准泵入，保证了施工效果，降低了劳动强度和经济成本（图1）。

3.2 返排水再利用研究

大型压裂施工后返排液量大，处理难度大且造成水资源浪费，通过10口井不同返排阶段离子成分分析，返排液中主要离子成分及含量如表7所示，并分别研究了不同离子对压裂液黏度的影响（表8）。

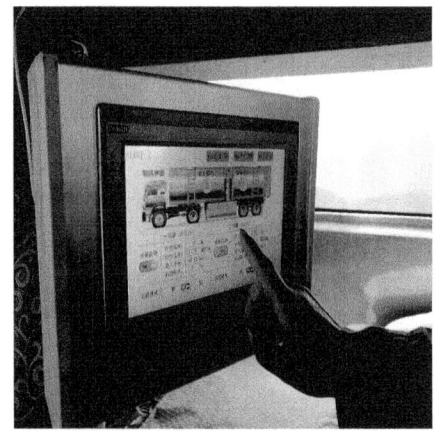
(a) 车载手动操作

(b) 手机APP无线智能操作

(c) 装置内添加剂泵

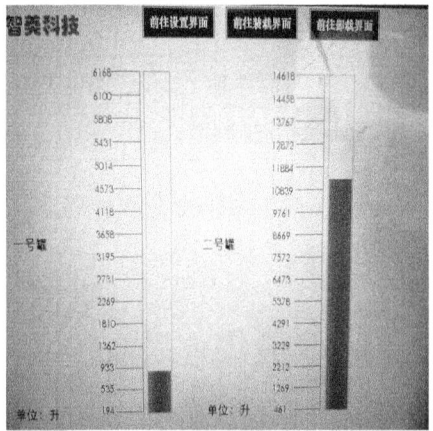
(d) 液量实时监控

图 1 施工现场图

表 7 返排液离子含量分析

名称	HCO_3^-	Cl^-	SO_4^{2-}	Ca^{2+}	Mg^{2+}	K^+/Na^+	总矿化度	pH 值
离子含量 mg/L	3000～6000	50～1050	0～1400	0～600	0～32	1500～2700	5000～10000	7.1～8.4

表 8 不同离子矿化度对滑溜水黏度影响

序号	矿化度, mg/L	黏度, mPa·s	配伍性
蒸馏水	—	66	无絮状沉淀
Na^+	1150	30	无絮状沉淀
	2300	22.5	无絮状沉淀
K^+	1950	30	无絮状沉淀
	3900	22.5	无絮状沉淀

续表

序号	矿化度，mg/L	黏度，mPa·s	配伍性
Mg²⁺	200	28.5	无絮状沉淀
	1200	无黏度	细小絮状沉淀
Ca²⁺	20	66	无絮状沉淀
	400	无黏度	细小絮状沉淀
	2000	无黏度	细小絮状沉淀

通过实验可以看出，返排水中含有的离子主要有 HCO_3^-、Cl^-、SO_4^{2-}、Ca^{2+}、Mg^{2+}、K^+、Na^+，如图 2 所示，随着离子浓度增加，滑溜水黏度逐渐降低，其中 Ca^{2+}、Mg^{2+} 对稠化剂黏度影响较大。

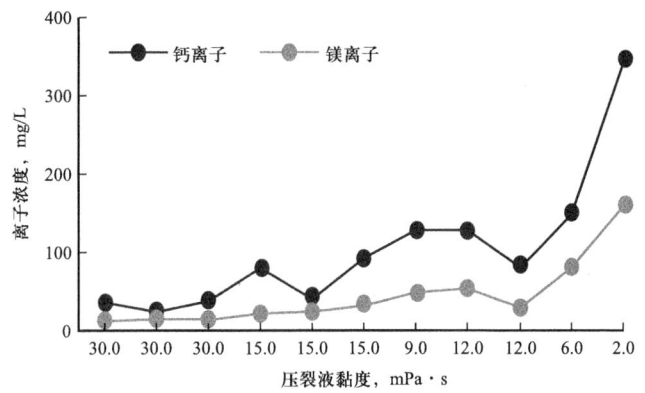

(a) 钙镁离子浓度对滑溜水黏度的影响

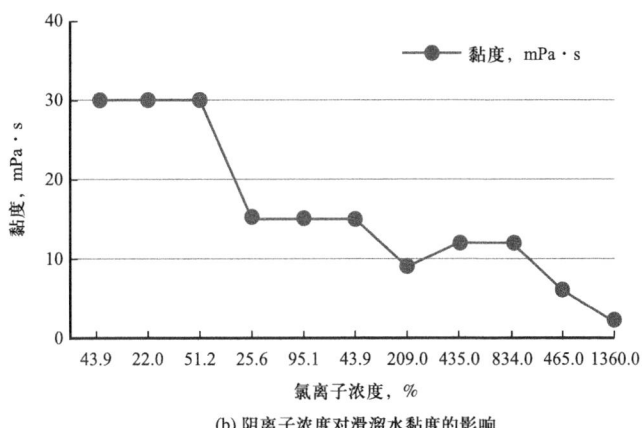

(b) 阴离子浓度对滑溜水黏度的影响

图 2 离子浓度对滑溜水黏度的影响

针对这一情况将 $NaHCO_3$ 水型返排液经三相分离器后，再次沉淀、除砂、简易处理后与清水混掺，配制滑溜水压裂液。如表 9 所示，在配比 "0.2% 稠化剂 +0.2% 表面活性剂" 条件下，返排处理水配制滑溜水黏度 8mPa·s，比纯清水配制滑溜水的黏度（9.1mPa·s）

低 12.1% 左右，返排水配制的减阻率 70.2%，与清水配制的性能相近，说明返排水中的离子对低浓度滑溜水性能影响不大，因此可以用纯返排水配制减阻滑溜水；在配比"0.6% 稠化剂 +0.2% 表面活性剂"条件下，随着返排液处理水占混掺比的升高，黏度值在下降，当返排水混掺比为 40% 时产生大量沉淀，絮状物产生，且携砂率仅 37%，不满足行业指标（≥70%），所以在高黏度携砂时混掺比应小于 30%。

表 9 不同混掺比例性能检测表

稠化剂配比，%	返排水混掺比	5min 黏度，mPa·s	20min 携砂率，%	减阻率，%	配伍性
0.2	清水	9.1	—	73	无沉淀
	返排水	8	—	70.2	无沉淀
0.6	清水	93	100	—	无沉淀
	10%	89	95	—	无沉淀
	20%	84	90	—	无沉淀
	30%	81	85	—	无沉淀
	40%	69	37	—	有沉淀

3.3 返排液再利用现场试验进展

现场依据返排液运输量，考虑混掺清水或者全程滑溜水施工，满足 16～20m³ 排量施工。某大型压裂井返排处理液配制滑溜水，在滑溜水原材料配比 0.2% 不变的条件下，按照 30% 比例混掺，施工 17 段，返排液用量 5064m³，最高排量 20m³/min，最高砂比 19%，满足压裂工艺需求。

3.4 应用效果

2021 年开始全面采用一体化缔合携砂滑溜水技术代替以往定配比技术，降低了稠化剂用量同时，提升了压裂效果。在勘探评价领域施工 170 余口井，其中直井平均日产油 2.5t，同比提高 19%；水平井平均日产油 8.2t，同比提高 28.1%；试油高产井比例 20.4%（40 口井），同比提高 0.3%；探评井压后工业比例 70.2%，同比提高 6.9%。

4 结论

（1）一体化缔合携砂滑溜水技术通过改变稠化剂加量，做到低配比减阻、高配比增黏携砂的效果，真正实现了施工全程一剂到底；与以往定配比技术相比，可以随时根据砂比调节缔合液浓度，避免了原材料的浪费。

（2）配液施工工艺上实现了全程自动化配液及远程监控，有效地减少了人员和设备投入数量，真正做到了"智能油田"。

（3）返排水的再利用缓解了排液的环保压力，可持续地缓解水资源紧张问题，实现了水力压裂清洁生产。

参 考 文 献

［1］Prats M. Effect of vertival fractures on reservoir behavior-incompressible fluid case［J］. Society of Petroleum Engineers Journal，1961，24（1）：105-118.

［2］程刚，马中国，马帅帅. 低残渣压裂液体系的形成及性能评价［J］. 化工技术与开发．2018，47（6）：29-31.

［3］刘银仓，谢娟，孙春佳，等. 羧甲基羟丙基胍胶酸性压裂液体系的制备及性能［J］. 油田化学，2019，36（1）：33-37.

［4］岳野. 大型压裂施工返排液处理及再利用工艺研究［D］. 大庆：东北石油大学，2019.

新型酸性压裂液工艺在大庆泥页岩储层的应用

陈巧梅　吕　宁　武建永　王珂昕　王一明　赵　静　林　娜

（大庆油田井下作业分公司工程地质技术大队）

摘　要：针对大庆页岩油低渗透油藏特性，研发了酸性滑溜水与酸性植物胶压裂液体系。该体系全程保持酸性，通过前置液改善储层渗透率，解除裂缝壁面堵塞，提升油井产量。携砂液采用羧甲基-羟丙基胍尔胶酸性压裂液，耐高温耐剪切，低伤害率，简化施工工艺，助排防膨性能优异。在大庆泥页岩储层应用中，该体系取得显著增产效果，为低渗透油藏高效开发提供有力支持。该技术的成功应用，不仅提高了油井产量，也为类似油藏的开发提供了新的思路和方法。

关键词：酸性压裂液；大庆页岩油；低渗透油藏；增产效果

Application of New Acid Fracturing Fluid Technology in Daqing Mud Shale Reservoir

Abstract: Targeting the characteristics of low-permeability reservoirs in Daqing shale oil, we have developed an acidic slickwater and acidic vegetable gum fracturing fluid system. This system maintains acidity throughout the entire process, enhancing reservoir permeability through the use of pre-flush fluids, removing blockages on fracture walls, and ultimately boosting oil well production. The sand-carrying fluid incorporates a carboxymethyl-hydroxypropyl guanidine acidic fracturing fluid, which exhibits excellent temperature and shear resistance, low formation damage, simplified construction procedures, and outstanding assisted drainage and anti-swelling properties. In applications within the Daqing shale reservoirs, this system has achieved remarkable production enhancement results, providing strong support for the efficient development of low-permeability reservoirs. The successful application of this technology not only enhances oil well production but also offers new ideas and methods for the development of similar reservoirs.

Keywords: acidic fracturing fluid, Daqing shale oil, low-permeability reservoir, production enhancement effect

---

作者简介：陈巧梅，女，1986年9月出生，毕业于东北石油大学，大庆油田井下作业分公司工程地质技术大队，化学室副主任，主要从事压裂液的研发工作。

1 引言

近年来随着国内油气储层改造技术的发展，油气工程师们对页岩油改造储层的认识越来越精细，改造措施的针对性越来越强，对各种入井液的技术要求也越来越高。常规的植物胶碱性压裂液体系对碱敏性储层造成的二次伤害，虽然早已引起人们的关注，但是在高温深井储层改造领域，由于植物胶酸性压裂液的部分技术不完善，对于部分碱敏性储层依然采用碱性压裂液体系。对于前置液滑溜水的研究，在滑溜水阶段在天然裂缝发育的页岩油储层中，使用低黏度的液体更容易进入地层沟通天然裂缝，从而形成更复杂的网格裂缝；此外页岩油储层一般具有厚度大的特点，为了沟通更多天然裂缝和更大泄流面积，目前大庆油田压裂发展从普通胍胶，到改性胍胶，再到快速水合胍胶，这一历程大概经过了胍胶需要在碱性条件下交联，为了实现酸性交联，在原胍胶支链上引入了羧基，开发了羧甲基胍胶。羧基作为酸性条件下产生交联的活性基团，羧基基团数量的增多有利于在酸性条件下形成交联冻胶，并能有效携砂和输送支撑剂，实现酸蚀与携砂同步进行，可在储层段形成更长且多支的酸蚀 – 支撑复合裂缝，提高油气井增产效果。同时消除了传统碱性压裂液与岩层反应生成不溶沉淀物，以及在施工设备表面结垢等弊病。该技术通过了大量的室内研究及现场应用，为低渗、特低渗油藏及碱敏、高黏土储层的改造增加了一个新的增产途径。

2 实验部分

2.1 酸性滑溜水体系

先配制一定浓度的稠化剂溶液，调节适宜的pH值，将添加剂等按一定比例混合，搅拌均匀，即可得实验用酸性滑溜水压裂液体系。此体系选择一种柔和的酸与稠化剂分子结合，形成具有减阻、防膨、抑制黏土膨胀的一种酸性滑溜水体系。

2.2 酸性植物胶体系

2.2.1 稠化剂

羧甲基 – 羟丙基胍胶 JK1002 是在原改性胍胶支链上引入了亲水基团羧甲基，从而可以实现在酸性条件下交联，大大提高了亲水性，增加分子的分支程度，使其水溶速度加快，使用钛或锆交联剂可在pH值为2.0～6.0的环境中工作，避免了储层碱敏矿物可能造成的潜在伤害，且有利于提高压裂液体系的黏土防膨性能，降低入地液量增加后造成的储层伤害。

2.2.2 交联剂

交联剂 JK09 是一种复合的金属盐类，这种金属离子一方面能和羧甲基 – 羟丙基胍胶中活性基团形成交联，在交联剂合成过程加入少量除氧剂及缓冲液，使交联后的凝胶保持稳定，性能不易受外来环境影响。在压裂液配方中通过加入冰乙酸调节缓交时间，不同的缓交时间适应不同的井深压裂，降低了压裂液在井筒中的摩阻，保留了压裂液在地层中的造缝能量。

2.2.3 添加剂

在此压裂液配方中除了主剂稠化剂、辅剂交联剂达到酸性交联外，只需加入一种表面活性剂即可达到压裂液的防膨、助排、破乳等一系列常规压裂液的基本要求，起到了一剂多效的作用。

3 体系的性能评价

3.1 酸性滑溜水性能评价

3.1.1 不同 pH 值的滑溜水体系对黏土膨胀率影响评价

配置不同 pH 值的滑溜水体系，测定膨润土在煤油、清水、不同 pH 值溶液中的膨胀体积，计算防膨率，测定结果如表 1 所示。

表 1 不同 pH 值的滑溜水体系对黏土膨胀率影响评价

膨润土煤油中的体积											
V_0	0.5	0.5	0.5	0.5	0.5	0.5	0.5	0.5	0.5	0.5	0.5
膨润土清水中的膨胀体积											
V_2	7.0	7.0	7.0	7.0	7.0	7.0	7.0	7.0	7.0	7.0	7.0
膨润土不同 pH 值溶液中的膨胀体积											
溶液 pH 值	3	4	5	6	7	8	9	10	11	12	13
V_1	1.9	2.6	3	3.4	6.9	6.5	6.5	6.5	6.5	6.5	6.5
防膨率，%	85	78	72	55	7.7	7.7	7.7	7.7	7.7	7.7	7.7

实验结果表明，在滑溜水阶段，工作液滑溜水溶液的 pH 值直接影响黏土的膨胀率，pH 值越小黏土防膨率越高，当滑溜水 pH 值为 5 时防膨率达到 72%，体系无须任何防膨剂就达到了滑溜水行业标准要求。pH 值为 7~13 时，呈中性及碱性，滑溜水对黏土几乎没有防膨作用。在滑溜水阶段，加入酸液，H^+ 不断地分离，减少黏土表面的负电性，减少黏土的膨胀；与黏土表面的羟基作用，形成弱亲水或晶面间连接紧密的基团；通过离子交换，使膨胀性黏土转为非膨胀性黏土。

3.1.2 酸性滑溜水基本性能评价

实验优化配方：0.1%减阻剂、0.2%表面活性剂、0.2%pH值调节剂，并按照SY/T 7627—2021《水基压裂液技术要求》中的压裂液配置、评价方法及指标进行测定，结果如表2所示。酸性滑溜水体系满足压裂液行业标准要求。

表2 酸性滑溜水体系基本性能评价

体系	pH值	黏度，mPa·s	表面张力，mN/m	防膨率，%	减阻率，%
酸性滑溜水	4～5	1.29	25.6	78	73.4
指标	—	≤5	≤32	≥60	≥70

3.2 酸性植物胶性能评价

3.2.1 耐温耐剪切性能

0.35% JK1002，0.2%提高采收率表面活性剂，基液表观黏度42mPa·s左右，0.3%交联剂（内含pH值调节剂），成胶时间可通过交联剂的量调至8～180s，在90℃、剪切速率100s^{-1}下持续剪切90min，实验结果如图1所示。

由图1可以看出，90℃、100s^{-1}剪切90min后，压裂液的黏度保持在100mPa·s以上，说明该体系在90℃下有良好的耐温、抗剪切性能。

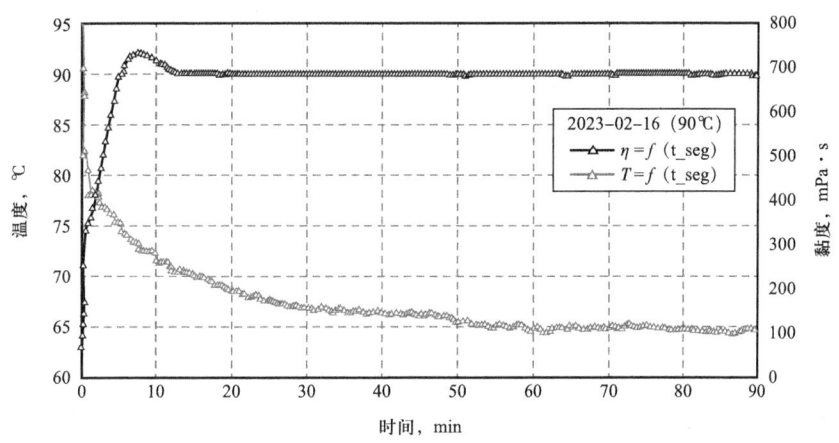

图1 在90℃、100s^{-1}、90min下的耐温耐剪切曲线

3.2.2 破胶性能

压裂施工结束后需要破胶液能够快速返排，这就需要破胶液具有较低的表/界面张力。室内用K100表界面张力仪测量了常温下破胶的破胶液表/界面张力，试验结果如表3所示。

从表3可以看出，破胶液的表面张力为23.1mN/m，界面张力为1.7mN/m，表/界面张力的降低可以提高压裂液返排能力,降低对储层和裂缝导流能力的损害,增加压后油气产量。

表3 破胶水化液实验数据

项目	破胶时间,h	破胶黏度,mPa·s	表面张力,mN/m	界面张力,mN/m
羧甲基-羟丙基	3.0	1.2	23.1	1.7
指标	≤12	≤5	≤32	≤3

3.2.3 岩心分散率实验和黏土防膨率实验

取大庆油田页岩油压裂段岩心用固体粉碎机粉碎,筛取12～20目的岩屑,在105℃下烘4h。用不同压裂液破胶水化液浸泡4h后,用蒸馏水冲洗并烘干,用30目的筛子筛取岩屑,称重,分别计算分散率,结果见表4。用膨润土实验测定不同压裂液配方的防膨率,结果见表5。

表4 岩心分散率实验结果

试剂样品	序号	岩屑质量,g	浸泡后岩屑质量,g	分散率,%	平均分散率,%
清水	1	2.9861	2.8162	5.69	5.65
	2	2.9345	2.7654	5.76	
	3	3.0238	2.8575	5.51	
酸性压裂液(羧甲基-羟丙基胍胶)	4	3.0526	2.9235	4.23	3.65
	5	2.9945	2.8903	3.48	
	6	3.0001	2.9032	3.23	
碱性压裂液(改性胍胶)	7	3.0278	2.9044	4.08	4.12
	8	2.9911	2.8695	4.07	
	9	3.0012	2.8745	4.22	

表5 不同压裂液配方的防膨率

试剂样品	序号	破胶水化液pH值	防膨率,%
酸性压裂液(羧甲基-羟丙基胍胶)	1	5	78
碱性压裂液(改性胍胶)	2	11	60

从实验结果可以看出,酸性压裂液(羧甲基-羟丙基胍胶)比碱性压裂液(改性胍胶)对岩心有更低的分散率,这与酸性压裂液防膨率78%,碱性压裂液防膨率60%的结果相符。与碱性压裂液相比,酸性压裂液能够在泥页岩储层应用中防止黏土膨胀运移,减少堵塞孔喉的几率和地层的伤害。

3.2.4 岩心伤害评价

使用岩心伤害仪，用页岩油井岩心进行不同压裂液的动态伤害实验（表6），实验结果显示，酸性植物胶体系伤害率平均为17.43%，属于低伤害压裂液，比常规体系伤害率降低了31.48%，提高了对支撑裂缝的导流能力。

表6 不同配方的压裂液滤液伤害对比

压裂液体系	岩心号	气测渗透率 $10^{-3}\mu m^2$	伤害前渗透率 $10^{-3}\mu m^2$	伤害后渗透率 $10^{-3}\mu m^2$	伤害率 %	平均伤害率 %
90℃配方改性胍胶压裂液	3-1	0.945	0.112	0.083	25.89	25.44
	3-2	1.24	0.472	0.354	25.00	
90℃羧甲基-羟丙基胍胶压裂液	3-3	1.19	0.353	0.290	17.80	17.43
	3-4	1.21	0.463	0.384	17.06	

4 现场应用

2022~2023年，使用酸性滑溜水+酸性压裂液在大庆油田泥页岩井施工3井次，一次压裂成功率达到100%，现场施工过程中压力平稳，压后放喷液体黏度小于5mPa·s，X7-Q日产气、日产油分别为912m³/d、11.2t/d，X8-Q日产气、日产油分别为1118m³/d、7.6t/d；相邻区块平台Y-Q井，使用酸性滑溜水+酸性压裂液工艺施工，日产气、日产油分别为809m³/d、19.2t/d（表7）。与同区块同平台或相邻区块使用常规滑溜水+碱性压裂液工艺施工的其他6井次井相比，具有良好的增油效果，平均增油率提高169%。

表7 页岩油平台对比井

序号	井号	压裂液类型	液量	日产气 m³	日产油 t	累计产油/产气 t/m³
1	X1-Q	常滑+碱性胍胶	47741	565	3.8	242/—
2	X2-Q		30024	511	2.44	57/—
3	X3-Q		48534	760	6.46	625/—
4	X4-Q		54295	103	5.6	116/—
5	X5-Q		55317	425	5.38	29/—
6	X6-Q		50250	269	4.47	49/—
7	X7-Q	酸滑+酸性胍胶	63737	912	11.2	1707.80/75877
8	X8-Q		50297	1118	7.6	1285/105261
9	Y-Q		40895	809	19.2	3896/98586

5 结论

(1) 针对大庆页岩油低渗透油藏的特性，引入了酸性滑溜水与酸性植物胶压裂工艺。这种工艺确保了压裂液在整个入井过程中保持酸性，特别是在前置液滑溜水阶段，其酸性特性能够有效改善储层基质的渗透率。

(2) 酸性植物胶压裂液配方中通过加入弱酸调节缓交时间，不同的缓交时间适应不同的井深压裂，降低了压裂液在井筒中的摩阻，节省了在地下的造缝能量；地层酸性压裂液压裂处理过程中，使用冰乙酸调节酸度，H^+ 逐渐被电离，实现了酸与岩石的逐步反应。弱酸体系比只含盐酸的酸液，酸消耗得更慢，从而使蚀刻的裂缝更长，更宽。

(3) 在此压裂液配方中除了主剂稠化剂、辅剂交联剂外，只需加入一种表面活性剂即可达到防膨、助排、破乳等一系列常规压裂液的基本要求，简化了施工工艺。

(4) 岩心流动试验结果表明，该体系对储层平均伤害率为 17.43%，为低伤害压裂液体系。与碱性压裂液相比，对页岩油储层的岩心具有更低的分散率，减少了黏土的膨胀运移，提高油气的导流能力。现场应用结果表明，该酸性滑溜水+酸性植物胶压裂液体系，施工过程稳定，返排彻底，较好地保护了油气层。与同区块同平台或相邻区块使用常规滑溜水+碱性压裂液工艺施工的其他 6 井次井相比，具有良好的增油效果，平均增油率提高 169%。

(5) 整体而言，该压裂液体系在解决大庆页岩油低渗透油藏的挑战方面具有一定的创新性和应用潜力。通过优化液体配方和施工工艺，提高了生产效率和油井的产量。

参 考 文 献

[1] 王博涛, 刘欢, 刘峰, 等. 羧甲基酸性压裂液在安塞油田的应用 [J]. 石油化工应用, 2010, 29 (5): 34-37.

[2] 吕海燕, 吴江, 薛小佳, 等. 镇北长8酸性羧甲基胍胶压裂液的研究及应用 [J]. 石油与天然气化工, 2012, 41 (2): 207-209.

[3] 宋志强, 齐亚民, 赵华, 等. 酸性压裂液体系在低渗透油藏中的应用研究 [J]. 长江大学学报, 2010, 7 (2): 231-232.

[4] 万华, 叶智, 胡鹏飞, 等. 羧甲基酸性压裂液在长庆气田的应用 [J]. 广东化工, 2013.

[5] 陈巧梅. 酸性压裂液在大庆油田泥页岩储层的应用 [J]. 化学工程与装备, 2022 (5): 46-47.

[6] 张艳, 张士诚, 张劲, 等. 耐高温酸性清洁压裂液性能研究及适用性探讨 [J]. 油田化学报, 2014: 200-202.

水平井油基钻井液用固井前置液的研制与应用

刘 昊 姜 涛 谌德宝 毕洪璟 曹 星

（大庆钻探工程公司钻井工程技术研究院）

摘 要：为解决油基钻井液不易冲洗影响固井质量的问题，本研究重点进行了固井清洗剂的研制，同时根据固井前置液所要求的技术指标优选悬浮剂及其他助剂，得到具备高效清洗及助悬能力的清洗剂及配套前置液体系。现场试验表明应用该前置液现场施工顺利，水平段优质井段比例大于93%。说明该体系可提升冲洗顶替效率，从而提升固井质量，具有较高推广价值。

关键词：固井；多功能；清洗剂；前置液

Development and Application of Cementing Pre-fluid for Oil-base Drilling Fluid in Horizontal Wells

Abstract: In order to solve the problem that the oil base drilling fluid is not easy to wash and affect the cementing quality, this study focuses on the development of cementing cleaning agent, and at the same time, according to the technical indicators required by the cementing pre-fluid, the suspension agent and other additives are selected to obtain the cleaning agent and supporting pre-fluid system with efficient cleaning and suspension support ability. Field tests show that the application of the pre-fluid is successful in the field construction, and the proportion of high-quality horizontal Wells is greater than 93%. It shows that the system can improve the flushing displacement efficiency, thus improving the cementing quality, and has high popularization value.

Keywords: cementing ; multifunctional ; cleaning agent ; pre-fluid

近年来，致密油、页岩油等复杂井的数量及规模呈快速上升趋势，油基钻井液因在钻井提高钻速和处理地下复杂情况上起到很大作用，且具有良好的乳化稳定性、优异的润湿能力、较高的页岩抑制性、较强的抗污染能力等特点被广泛使用。然而，油基钻井液由于自身的高黏度及低切力的特性，会在套管壁及井壁产生较强的附着力，其冲洗难度远高于水基钻井液，固井过程中，若前置液冲洗能力不强而未能将油基钻井液完全洗出井口，残

第一作者简介：刘昊，工程师，1992年出生，2019年毕业于沈阳化工研究院，主要从事固井外加剂和固井前置液的研发。

留在一二界面的油膜和油浆会影响水泥浆胶结强度，进而对固井质量产生严重影响。因此，开展了针对油基钻井液的固井前置液的研究，通过高效复配验证，得到了一组可以高效渗透乳化油基钻井液的助剂体系，同时通过优选悬浮剂及其他辅助助剂，优化了前置液的贮存稳定性及流变性，可完全满足现场施工的需求。

1 实验部分

1.1 主要试剂及仪器

表面活性剂、悬浮剂、加重剂、溶剂、自来水、烧杯、机械搅拌器、磁力搅拌器、常压稠化仪、高温高压稠化仪、六速旋转黏度计、电子天平、高温烘箱、水泥浆、钻井液样品（取自施工现场）。

1.2 固井前置液的配方研制与制备方法

1.2.1 清洗剂主剂的研制

首先进行了乳化白油所需HLB值的测定实验，通过对乳化剂（TWEEN，SPAN）之间用量搭配，配制了HLB从4.5~15的6组乳液，经过放置后对比乳液粒径、长时间放置稳定性等指标，优选出一组最优乳化剂组合，其HLB为11.5。

其次利用不同化学结构的表面活性剂进行乳化白油的实验，配制了不同的水包油乳液，通过乳化程度、乳液粒径、乳液稳定性等方面判断表面活性剂乳化性能优劣，得到烷基酚聚氧乙烯醚、脂肪醇聚氧乙烯醚、烷基苯磺酸盐等结构的表面活性剂乳化性相对更强，实验结果如表1所示。

表1 单一表面活性剂乳化白油实验

助剂种类及名称		乳液粒径，μm		乳液稳定性	
		D_{50}	D_{98}	4h×23℃	24h×23℃
烷基酚聚氧乙烯醚	RH1	1.02	3.22	优异	优异
	RH2	1.05	3.50	优异	良好
蓖麻油聚氧乙烯醚	FS1	1.37	4.01	良好	破乳
椰子油聚氧乙烯醚	RH3	1.24	3.98	良好	破乳
脂肪醇聚氧乙烯醚	ST1	1.13	3.20	优异	优异
	ST2	1.28	3.67	良好	良好
烷基苯磺酸盐	JX1	1.41	4.58	良好	良好
	JX2	1.25	3.92	优异	良好

续表

助剂种类及名称		乳液粒径，μm		乳液稳定性	
		D_{50}	D_{98}	4h×23℃	24h×23℃
聚氧乙烯失水山梨醇脂肪酸酯	ZR1	2.54	5.37	良好	破乳
	ZR2	2.44	5.33	破乳	破乳
	ZR3	3.01	5.89	破乳	破乳
失水山梨醇脂肪酸酯	RH4	3.36	6.88	破乳	破乳
	RH5	3.28	6.67	破乳	破乳

最后以上一步中得到的三种较优助剂 RH1、ST1 及 JX2 为原材料，以混合物 HLB 达到 11~12 为目的，以 RH1、ST1、JX2 的 HLB 值分别为 8、14、13 为依据，开展正交试验，通过对比清洗效果，最终得到三组备选清洗剂主剂体系 CX1、CX2、CX3。三组体系 HLB 值分别为 11.5、11.9 及 11.2，不同体系之间助剂不同配比如表 2 所示。

表 2 三组备选较优清洗剂主剂体系

助剂配比，%	CX1	CX2	CX3
RH1	40	30	45
ST1	40	40	40
JX2	20	30	15

1.2.2 清洗剂辅剂的研究

主要进行了溶剂的优选，有机溶剂能够改变表面活性剂的胶束形态及胶束数量以调节前置液体系的黏度和切力。针对实验室内现有的丙酮、石油醚、正丁醇、二甲苯、二氯甲烷、乙二醇单丁醚、乙烯二乙醇醚等 7 种有机溶剂进行实验。首先进行了水溶性和油溶性测试，通过实验发现，丙酮及乙二醇单丁醚可与水和油之间互溶。但是考虑到井下高温施工的安全性，需要该有机溶剂闪点尽可能提高，丙酮的闪点经测试为 -18℃，而乙二醇单丁醚闪点为 61℃，在高度稀释的状态下其混合溶液闪点会大幅提高，保证井下高温施工安全。然后进行了乙二醇单丁醚的加量对前置液基浆性能影响的实验，通过实验结果显示，在溶剂加量达到 3% 时，前置液基浆切力、黏度均较低，便于现场施工。实验结果如表 3 所示。

然后对清洗剂用螯合剂、稀释剂、清洗助剂等进行单一筛选，通过模拟清洗效率及测定前置液流变性能的改善程度，筛选到 EDTA 作为本清洗剂的螯合剂、五水偏硅酸钠作为本体系的稀释剂及清洗助剂。

表3 清洗剂使用溶剂的筛选

溶剂加量，%	23℃×24h		150℃×4h	
	初切，Pa	漏斗黏度，s	初切，Pa	漏斗黏度，s
0	16	335	19	362
0.5	35	116	38	121
1.0	24	92	26	95
2.0	18	79	19	81
2.5	13	58	13	58
3.0	6	42	4	43

1.2.3 悬浮剂的优选

优选了黄原胶、温轮胶、聚乙烯吡咯烷酮、聚乙烯醇等多种具悬浮作用的助剂，按照溶解度将其分别溶于水中形成胶状液体，再按照一定比例将悬浮剂胶液加入到前置液体系中，在23℃×24h及180℃×4h静置条件下进行实验，以沉降密度差作为判断标准，实验结果如表4所示。

表4 悬浮剂的筛选

加量及不同放置条件下密度差	黄原胶		温轮胶		聚乙烯吡咯烷酮		聚乙烯醇	
加入量，%	5	8	5	8	5	8	5	8
23℃×24h 密度差，g/cm³	0.04	0.03	0.02	0.02	0.05	0.04	0.03	0.02
180℃×4h 密度差，g/cm³	0.1	0.08	0.03	0.02	0.12	0.07	0.04	0.03

通过实验发现，温轮胶及聚乙烯醇均可使前置液在常温及高温下稳定悬浮，而温轮胶可以在使用量相对更低的情况下保证前置液的稳定悬浮，同时相对降低了前置液的黏度，于是优选温轮胶胶液作为本体系的悬浮剂。

1.2.4 前置液的制备方法

向烧杯内加入1000mL自来水，再向其中加入30g液体悬浮剂，将该混合物在300r/min下进行机械搅拌；另一方面，按一定比例分别称量清洗剂、溶剂、消泡剂，将上述各种助剂的混合物放置在一个烧杯中，放入磁子进行磁力搅拌，10min后，将搅拌后的清洗剂混合物取出50g倒入放有自来水和悬浮剂的烧杯中，继续搅拌10min，加入适量加重剂持续搅拌10min后，即得固井前置液。

2 结果与讨论

2.1 清洗性评价

本实验采取六速旋转黏度计装置进行清洗评价,具体步骤为,将旋转黏度计外筒浸泡在事先已在5000r/min转速下搅拌30min的油基钻井液中,以200r/min的速度转动1min后再静置10min,在此期间对钻井液进行保温处理,温度70℃,记录下10min后外筒所粘的钻井液厚度。将配置好的固井前置液放入常压稠化仪中升温至70℃,然后搅拌10~20min,再将粘有钻井液的旋转黏度计外筒浸泡在前置液中,以200r/min的速度旋转外筒进行冲洗实验,直至外筒的钻井液完全被冲洗干净,记录下时间。本实验使用的油基钻井液漏斗黏度为60~70s,破乳电压分别为850V、1200V。其实验结果如表5所示。

表5 冲洗性能评价

钻井液漏斗黏度 s	初终切 Pa	钻井液破乳电压 V	泥饼厚度 mm	冲洗剂加入量 %	冲净时间 min
60	7/16	850	2	3.5	4
				5	3
67	10/23	1200	2	3.5	7
				6	5

通过图1的清洗效果评价实验可以得出,该前置液用清洗剂具备低加量、高效率的特点,在短时间内可完全清洗油基钻井液,使一二界面达到润湿反转的效果。

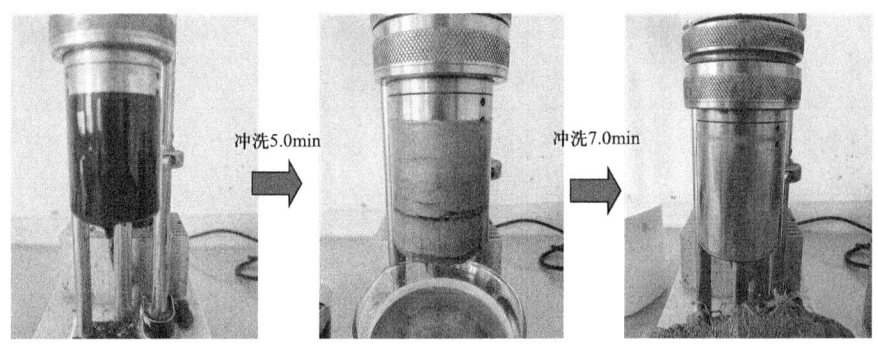

图1 冲洗剂加入3.5%时,冲洗破乳电压1200V的油基钻井液效果图

2.2 清洗剂助悬浮性的评价

由于表面活性剂溶于水中会产生一定黏度,且由于清洗剂体系中使用了可维持体系浊点不下降及减少表面活性剂出现盐析效应的表面活性剂JX2和亲水性的醚类溶剂,使其具

有非常强的抗硬水作用,该作用可减少硬水环境对悬浮剂性能的负面影响,从而使其具备一定的助悬功效,利用清洗剂代替或部分代替悬浮剂加入量,测试前置液体系稳定性,实验结果如表6所示。

表6 不同清洗剂体系助悬性能评价

悬浮剂组成及加量 %		23℃静置24h上下两部分密度差 g/cm³	180℃静置4h上下两部分密度差 g/cm³
温轮胶	5	0.02	0.03
	8	0.02	0.02
温轮胶+CX1	(3+4)	0.02	0.05
温轮胶+CX2	(3+4)	0.01	0.02
温轮胶+CX3	(3+4)	0.03	0.06
CX2	(6)	15min后即明显析水,密度差>0.05	—

通过上述实验发现利用清洗剂CX2代替一部分温轮胶,其前置液体系的悬浮稳定性甚至略好于加入8%的温轮胶的前置液体系,表明CX2在体系内具备助悬性,而完全使用CX2作为悬浮剂时,前置液体系极不稳定,说明清洗剂只能起一定的助悬作用,帮助降低体系内悬浮剂加量,不能完全替代。

2.3 前置液悬浮稳定性的评价

悬浮稳定性主要分为常温下悬浮稳定性及高温悬浮稳定性,本实验常温稳定性的测试方法主要基于量筒法,即将配制完成的前置液倒入500mL量筒,量筒口密封后在23℃下静置24h,测定前置液上下两部分密度差。高温稳定性测试是将前置液静置于养护釜中,180℃下静置养护4h,冷却后测定前置液上下两部分密度差,其结果如表7所示。

表7 不同密度前置液悬浮稳定性评价

前置液原始密度 g/cm³	23℃静置24h上下两部分密度 g/cm³		180℃静置4h上下两部分密度 g/cm³	
1.20	1.19	1.20	1.19	1.20
1.30	1.30	1.30	1.29	1.31
1.40	1.39	1.40	1.39	1.40
1.50	1.50	1.50	1.49	1.50
1.60	1.59	1.60	1.60	1.60
1.70	1.69	1.72	1.69	1.71
1.80	1.78	1.81	1.78	1.81

由表7可以看出，密度由1.20~1.80g/cm³的前置液在室内23℃×24h条件静置后其密度差均小于0.03g/cm³，180℃×4h静置后前置液密度差均小于0.03g/cm³。同时，为了了解动态条件下前置液的悬浮稳定性，针对前置液进行了高温高压稠化实验。在180℃、60MPa条件下，浆体稠度在4h内基本保持稳定，说明前置液始终为均质流体，未发生分层沉降现象。综上说明，该前置液体系在静态和动态环境下，悬浮稳定性良好。

2.4 流变相容性评价

将前置液与水泥浆、钻井液按照不同比例进行混合，充分搅拌混合后，利用旋转黏度计测定混浆的流变数据。根据该数据评价前置液与钻井液、水泥浆的相容性，结果见表8。

表8 不同比例的前置液与钻井液相容性实验数据

混合比（体积分数）	混合流体相容性评价					
	$\phi 600$	$\phi 300$	$\phi 200$	$\phi 100$	$\phi 6$	$\phi 3$
100% 前置液	48	31	22	14	5	4
100% 钻井液	99	62	41	27	12	11
100% 水泥浆	255	162	110	67	16	14
95% 钻井液 +5% 前置液	95	59	37	24	9	8
75% 钻井液 +25% 前置液	89	55	34	23	8	7
50% 钻井液 +50% 前置液	75	49	32	21	7	6
50% 前置液 +50% 水泥浆	153	99	67	43	11	9
25% 前置液 +75% 水泥浆	204	130	89	55	14	12
5% 前置液 +95% 水泥浆	242	152	104	62	15	13

由相容性实验结果可得，该前置液与水泥浆、钻井液相容性良好，不发生污染增稠问题。通过分析原因，该前置液体系使用的悬浮液胶液及清洗剂的表面活性剂分子对钻井液不会产生"弱胶联"等现象，不会导致"增稠"，同时清洗剂使用的溶剂同样可作为流型调节剂，可有效降低基浆的黏度。因此，随着前置液混合比例上升，混合流体流变数据下降，可有效保障施工安全。

2.5 稠化相容性评价

由于固井过程中前置液与水泥浆会出现一定掺混，那么这段混浆的稠化时间对于保障固井安全性具有重要意义。为此进行了降失水剂水泥浆体系与前置液以不同混合比例混合后的混浆稠化时间实验。实验结果如以下两张稠化曲线图所示（图2、图3）。

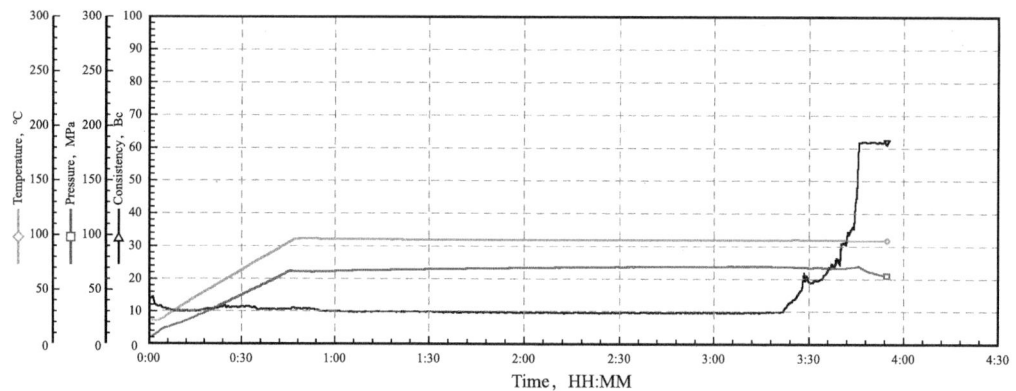

图 2 低密度水泥浆 92℃ 稠化曲线图

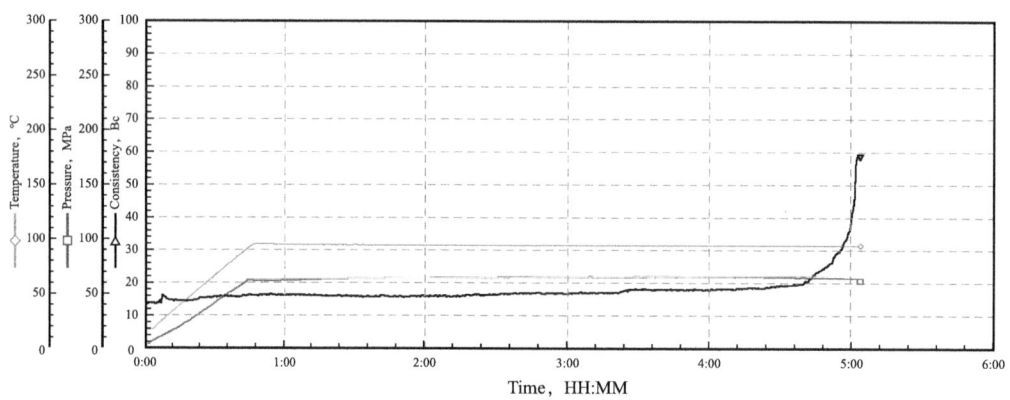

图 3 前置液与水泥浆以 25∶75 混合后的 92℃ 稠化曲线图

由稠化实验可知，92℃下低密度水泥浆稠化时间约 300min，前置液与水泥浆以 25∶75 混合后的混浆稠化时间约 360min，以上实验结果说明前置液对水泥浆稠化曲线发展无不良影响，不发生促凝等问题。

2.6 现场应用

该前置液在大庆油田某页岩油井开展现场应用，水平段为页岩油层，井壁稳定性差，易塌易剥落，油基钻井液破乳电压高，体系稳定性极强，且水平段长大于 2000m，对于冲洗顶替技术提出了很高的要求。应用本前置液体系，现场施工顺利，固井质量优质，水平段优质井段比例大于 93%。说明该前置液体系可提升冲洗顶替效率，从而提升固井质量，具有较高推广价值。

3 结论

（1）自主研制了前置液用清洗剂体系，该体系为前置液核心助剂体系，具备加量低、效率高、助悬浮的特性，加入清洗剂形成前置液体系可在短时间内完成对油基钻井液的冲洗。

（2）优选出前置液体系使用的悬浮剂、溶剂等相关助剂，对于提升加重前置液的长时间悬浮稳定性，保障固井作业的安全性，优化前置液体系流变性，使前置液更易达到紊流流态具有重要作用。

（3）通过对前置液体系进行清洗性、悬浮稳定性、流变相容性、稠化相容性等方面的评价，该前置液各方面技术指标均符合要求，技术路线成熟，可实现现场推广、应用。

参 考 文 献

［1］关海鸥.针对深井、超深井油基泥浆固井前置液的研究［D］.大庆：东北石油大学，2018.

［2］梁艳丽，郭娟，常少赞，等.一种固井用油基泥浆冲洗液的制备及应用［J］.河南化工，2020，37（10）：19-21.

［3］熊正强，陶士先，李艳宁，等.国内外冲洗液技术研究与应用进展［J］.探矿工程（岩土钻掘工程），2016，43（5）：6-12.

［4］赵敏杰，张艳玲，王永金，等.核磁共振法测定非离子表面活性剂HLB值的研究［J］.沈阳药学院学报，1985（3）：194-197.

［5］张坤玲，李瑞珍，卢玉妹，等.HLB值与乳化剂的选择［J］.石家庄职业技术学院学报，2004（6）：20-22.

［6］张林强.一种油基钻井液乳化剂组合的研究与评价［J］.广州化工，2023，51（6）：56-59，72.

［7］贾路航.水基金属除油清洗剂的复配与应用［J］.山西化工，2013，33（4）：4-7.

［8］肖楠，朱玲，张芮鑫，等.含油底泥高效清洗剂的研究［J］.工业安全与环保，2018，44（7）：103-106.

［9］黄嘉宝.油基钻井岩屑清洗脱油处理技术研究［D］.广州：华南理工大学，2017.

［10］陈光，刘秀军，雷妍，等.高密度油基钻井液用耐超高温冲洗液及制备方法：CN106367050B［P］.2019-12-13.

［11］莫里斯·阿维，吕少华，尤金·达金.用于井眼清洁的清洁剂及其使用方法：CN102282233B［P］.2014-09-24.

［12］穆罕默德·拉菲·阿勒－苏卜希，斯科特·史帝文·詹宁斯，艾哈迈德·萨拉赫·阿勒－胡迈迪.水泥油基泥浆隔离液配制物：CN104011170A［P］.2014-08-27.

［13］张朝武，许宇.一种环保水基清洗剂：CN109536294B［P］.2021-10-08.

［14］许明标，王昌军，由福昌，等.一种用于页岩气开发钻井的油基钻井液：CN103614122B［P］.2016-06-22.

［15］姜涛.表面活性剂型可加重固井前置液作用机理及应用［J］.钻井液与完井液，2018，35（1）：83-88.

［16］李蕾.油基钻井液滤饼清洗液室内研究［J］.承德石油高等专科学校学报，2020，22（3）：10-14，31.

［17］王广雷，吴迪，姜增东，等.固井冲洗效率评价方法探讨［J］.石油钻探技术，2011，39（2）：77-80.

[18] 姜涛,谌德宝,肖海东,等.表面活性剂为悬浮剂的双效固井前置液:CN103224774B[P].2016-01-20.

[19] 刘岢鑫.脂肪酸甲酯乙氧基化物的合成及其性能研究[D].大庆:东北石油大学,2019.

[20] 谌德宝,亢菊峰.即时混配型高密度固井隔离液[J].钻井液与完井液,2021,38(6):778-781.

[21] 石凤岐,陈道元,周亚军,等.超高温高密度固井隔离液研究与应用[J].钻井液与完井液,2009,26(1):47-49,93.

水基微乳固砂体系在海上注水井可行性研究及应用

冯 阳　陈华兴　代磊阳　潘定成　牟 媚　张晓封　曾 旭　刘 棚

[中海石油（中国）有限公司天津分公司]

摘 要：海上油田储层具有高孔高渗的储集物性特征，且因储层埋深浅、欠压实，岩石胶结程度弱，容易出砂，造成井底砂埋。目前海上注水井多采用筛管机械防砂完井，而注水井采用不下筛管的化学防砂简易完井方式，可增大井下注水工具通径，具有降低防砂成本等优势。本研究评价一种水基微乳树脂固砂体系，研究结果表明：水基微乳化学固砂体系黏度在室温 25℃ 时，48h 内黏度为 2~7mPa·s；在 60℃，8h 内黏度为 3~6mPa·s，16h 后黏度上升至 100mPa·s 以上，充分保证了注入安全性；固结后岩心渗透率保留率为 84.6%~91.4%，岩心抗压强度为 3.44~6.95MPa；酸化后岩心强度基本不变，水基乳液固砂体系固结砂粒后出砂临界流速 160mL/min，折算出每米储层临界注入量为 318.35m³/d，满足注入要求。该体系在海上 A3 注水井成功应用，作业后日注量 600m³/d，注入压力 7MPa。水基微乳化学固砂体系在海上注水井成功应用，对海上注水井不下筛管后化学防砂简易完井方式具有重要意义。

关键词：疏松砂岩油藏；固砂；注水井；多频次酸化

Feasibility Study and Application of Water-based Micro-emulsion Sand Consolidation System in Offshore Water Injection Wells

Abstract: Offshore oil field reservoir has the characteristics of high porosity and high permeability, and the bottom hole sand is buried due to shallow buried depth, under compaction, weak rock cementation and easy sand production. At present, most offshore water injection wells use screen tube mechanical sand control completion, while the water injection wells use the simple chemical sand control completion method without screen tube, which can increase the diameter of downhole water injection tools and reduce the cost of sand control. The results show that the viscosity of water-based micro-emulsion chemical sand consolidation system is 2~7mPa·s in 48h at room temperature 25℃; at 60℃, the viscosity is 3~6mPa·s

---

第一作者简介：冯阳，女，1992 年 1 月出生，毕业于中国石油大学（北京），现就职于中海石油（中国）有限公司天津分公司，担任增产措施工程师，中级工程师，从事提高采收率技术及海洋油气增产措施研究。

within 8h, and increases to more than 100mPa·s after 16h, which fully ensures the injection safety; After consolidation, the core permeability retention rate is 84.6%~91.4%, and the core compressive strength is 3.44~6.95MPa; After the acidizing, the strength of the core is basically unchanged. The critical velocity of sand production is 160mL/min after the consolidation of sand particles by the water-based emulsion sand consolidation system. The critical injection volume of the reservoir is 318.35m^3/d per meter, which satisfies the injection requirements. The system has been successfully applied in offshore A3 water injection well. After operation, the daily injection volume is 600m^3/d and the injection pressure is 7MPa. The successful application of water-based micro-emulsion chemical sand consolidation system in offshore water injection wells is of great significance for chemical sand control without screen.

Keywords: unconsolidated sandstone reservoir; sand consolidation; water injection well; multi frequency acidification

1 前言

海上疏松砂岩因储层胶结程度弱，且因储层埋深浅、欠压实，岩石胶结程度弱，存在较大出砂风险，造成井底砂埋。在生产平台，注水井主要采用机械防砂完井方式，后期重新分层需打捞原井防砂管柱，作业工期长、费用高、工序复杂。而注水井采用不下筛管的化学防砂简易完井方式，可增大井下注水工具通径，具有降低完井成本、缩短工时等优势。由于注水井区块构造地应力复杂，井筒在经受酸化和长期注水等作业后，注水井井眼坍塌频发可能性较高，影响注水开发效果和井筒注采安全。所以针对注水井井况，开展海上注水井化学防砂可行性研究具有重要意义。

2 水基微乳固砂作用机理

水基乳液固砂体系组分为一种水溶性树脂乳液，闪点高，改变常规胶结剂的溶解特性，摒弃溶剂类稀释剂，使体系更安全环保。通过树脂与固化剂混合后是活性体，在地层条件下吸附岩石表面并破乳，激活树脂反应；通过固化调节剂调整体系反应快慢，控制施工时间。

对于注水井化学防砂，主要考虑化学固砂体系固结岩心后的强度及砂粒固结后耐冲刷性，以及多频次酸化对固砂体系影响。

3 水基微乳固砂体系性能评价

3.1 水基微乳固砂体系注入性评价

通过调节胶结剂 A 和胶结药剂 B 浓度，测试不同固砂液配方 1$^\#$、2$^\#$、3$^\#$ 注入安全性：
固砂液 1$^\#$：8% 胶结剂 A+12% 胶结剂 B+3% 调节剂 +3%NaCl+ 淡水。

固砂液 2#：12% 胶结剂 A+18% 胶结剂 B+3% 调节剂 +3%NaCl+ 淡水。
固砂液 3#：16% 胶结剂 A+24% 胶结剂 B+4% 调节剂 +3%NaCl+ 淡水。

测试后水基微乳固砂体系黏度随时间及温度变化，见表1及图1。

表 1　水基微乳固砂体系随黏度随时间及温度变化

配方	温度 ℃	黏度变化，mPa·s										
		0min	30min	120min	180min	240min	6h	8h	10h	16h	24h	48h
1#	25	7	7	7	7	7	7	7	7	7	7	7
2#	25	4	4	4	4	4	4	4	4	4	4	4
3#	25	3	3	3	3	3	3	3	3	3	3	3
1#	60	7	6	6	6	6	6	6	44	≥150	—	—
2#	60	4	4	3.5	3.5	3.5	3.5	3.5	23	105	—	—
3#	60	3	3	3	3	3	3	3	3	119	—	—

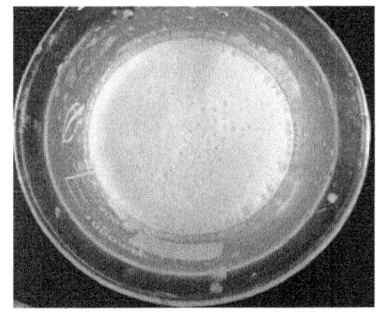

图 1　化学固砂体系外观

3.2　岩心化学固砂前后渗透率变化测试

通过注入水基乳液化学固砂体系，测试化学固砂前后渗透率变化及进液端、出口端抗压强度 UCS 值，见图2、图3及表2。

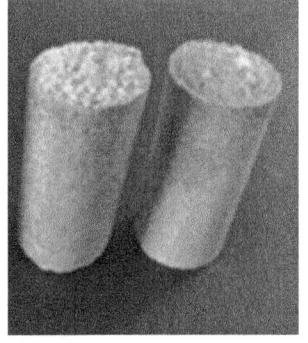

图 2　固结砂样

 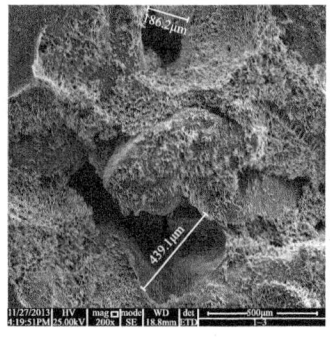 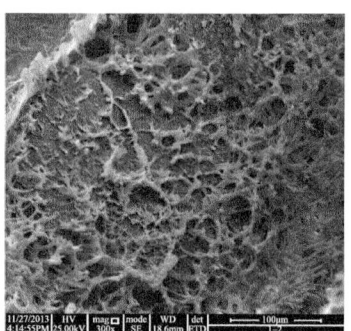

图 3 微观结构分析

表 2 固结岩心渗透率保留率

编号	固砂液配方	养护条件	固结样品	渗透率, $10^{-3}\mu m^2$ 初始	渗透率, $10^{-3}\mu m^2$ 固化后	渗透率保留率 %	抗压强度 UCS, MPa 进液端	抗压强度 UCS, MPa 出液端	抗压强度 UCS, MPa 平均值
1	1#	60℃×72h	石英砂	1938	1772	91.4	4.21	4.01	4.10
2	3#	60℃×72h	石英砂	289	247	85.5	3.56	3.31	3.44
3	2#	60℃×72h	石英砂	1984	1679	84.6	7.11	6.78	6.95

由图 2、图 3 和表 2 分析可知，注入化学固砂剂后，岩心渗透率保留率为 84.6%～91.4%，岩心抗压强度为 3.44～6.95MPa。

3.3 原油污染后砂粒的固结性能测试

将原油与砂粒按 1:9 比例混合，并在 80°C 下烘 24h，采用 CPI-SACO 化学固砂体系固结岩心，测试渗透率及强度，见表 3 及图 4。

表 3 带原油砂粒固结渗透率及强度

编号	固化条件	固砂液配方	固结样品	抗压强度 MPa	初始渗透率 mD	固化后渗透率 mD	渗透率保留率 %
1	60℃×72h	1#	石英砂	8.6	2061	1772	86.4
2	60℃×72h	1#	石英砂	6.2	2367	1875	79.2
3	60℃×72h	2#	石英砂	5.7	2568	2170	84.5
4	60℃×72h	2#	石英砂	5.3	2475	2042	82.5

由表 3 和图 4 分析可知，原油固结后砂粒渗透保留率为 79.2%～86.4%，抗压强度为 5.3～8.6MPa，表明 CPI-SACO 化学固砂体系在原油污染砂粒固结性能和渗透率良好。

图 4　带原油砂粒固结

3.4　多频次酸化对化学固砂影响性能测试

采用 CPI-SACO 化学固砂体系固结疏松砂粒，制作岩心 3#、4#、5#，分别采用 12HCl+3HF 土酸体系，依次酸化不同次数，再分别测试岩心 3#、4#、5# 抗压强度。

由图 5、图 6 及表 4 和表 5 分析可知，酸化后岩心强度基本不变，表明 CPI-SACO 水基乳液固砂体系固结砂粒后在酸性环境下保持良好性能，满足注水井多频次酸化作业要求。

表 4　酸化前岩心渗透率及抗压强度

固结体	直径，cm	长度，cm	渗透率，mD	孔隙体积，mL	孔隙度，%	抗压强度，MPa
3#	2.5	7.19	2357	11.62	32.94	8.2
4#	2.5	7.09	812	10.7	30.76	8.6
5#	2.5	7.46	2794	12.27	33.52	7.8

图 5　用于酸化岩心

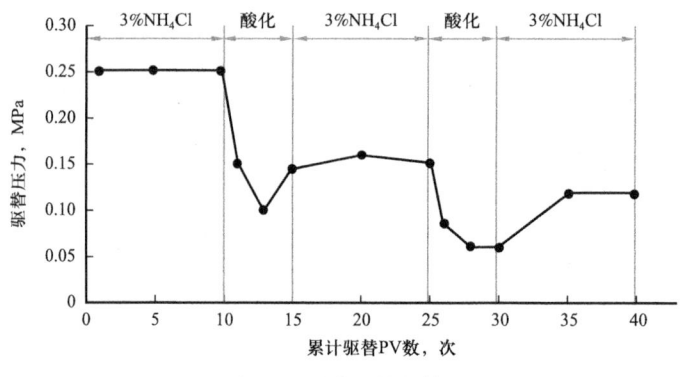

图6 累计驱替次数

表5 酸化后抗压强度测试

岩心	酸化次数,次	抗压强度,MPa	
		酸化前	酸化后
3#	1	8.2	8.2
4#	2	8.6	8.5
5#	3	7.8	7.7

3.5 水基微乳固砂体系耐冲刷性能测定

采用化学固砂体系固结砂粒后，逐步增加排量冲刷4h，得到冲出砂粒的临界流速。160mL/min 冲刷4h，冲刷后砂样端面见图7，冲刷出砂粒数据见表6。

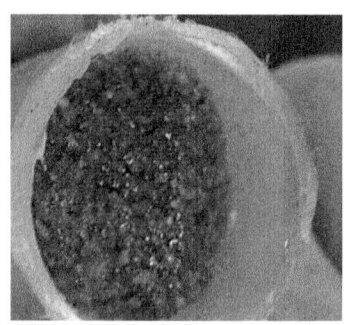

图7 冲刷后的砂样

表6 冲刷实验数据表

编号	固砂液配方	养护条件	岩屑井号	冲刷4h		冲出液,μm
				压差,MPa	出砂率,%	
1	2#	60℃×72h	SZ36-1	8.60	0.022	2.48
2	3#	60℃×72h	SZ36-1	9.15	0.011	1.02

由表 7 分析可知，按照出砂临界流速 160mL/min，折算出每米储层临界注入量为 318.35m³/d。

表 7 化学固砂后岩心流量注入量

1in 岩心临界出砂流量 Q mL/min	运移速度 v m/d	每米储层注入量（取井壁处） m³/d
160	469.37	318.35

4 水基微乳固砂体系性能体系应用

W3 为一口注水井，井深：2200m（垂深：1840.67m），完钻层位：L 段，人工井底 3743.5m，最大井斜 41.15°/1812.15m。储层温度为 90℃，储层厚度为 149.3m，泥质含量为 7%，孔隙度为 19.4%，渗透率为 418.7mD，注水层储层胶结程度弱，岩石疏松，完井方式为套管射孔。因检泵发现储层出砂，采用水基微乳固砂体系治理。固砂体系配液为 12% 胶结剂 A+18% 胶结剂 B+4% 调节剂 +3%NaCl，该井的泵注程序见表 8。

表 8 泵注程序表

序号	施工内容	泵注压力 MPa	注入液量 m³	累计注入量 m³
Ⅰ油组注入段塞				
1	正替前置液	<20	10	10
2	正挤前置液	<20	13	23
3	正挤固砂液	<20	23	46
4	正挤顶替液（前置液）	<20	10	56
Ⅱ油组注入段塞				
1	正挤前置液	<20	19	75
2	正挤固砂液	<20	19	94
3	正挤顶替液（前置液）	<20	10	104
Ⅲ油组注入段塞				
1	正挤前置液	<20	19	123
2	正挤固砂液	<20	19	142
3	正挤顶替液（过滤海水）	<20	10	152
关井固化24h				

由图 8 可知，施工前注入压力为 7.2MPa，注入量为 650m³/d；施工后注入压力为 7MPa，注入量为 620m³/d。从施工前后注入压力及注入量分析，A3 注水井化学固砂后施工效果良好。

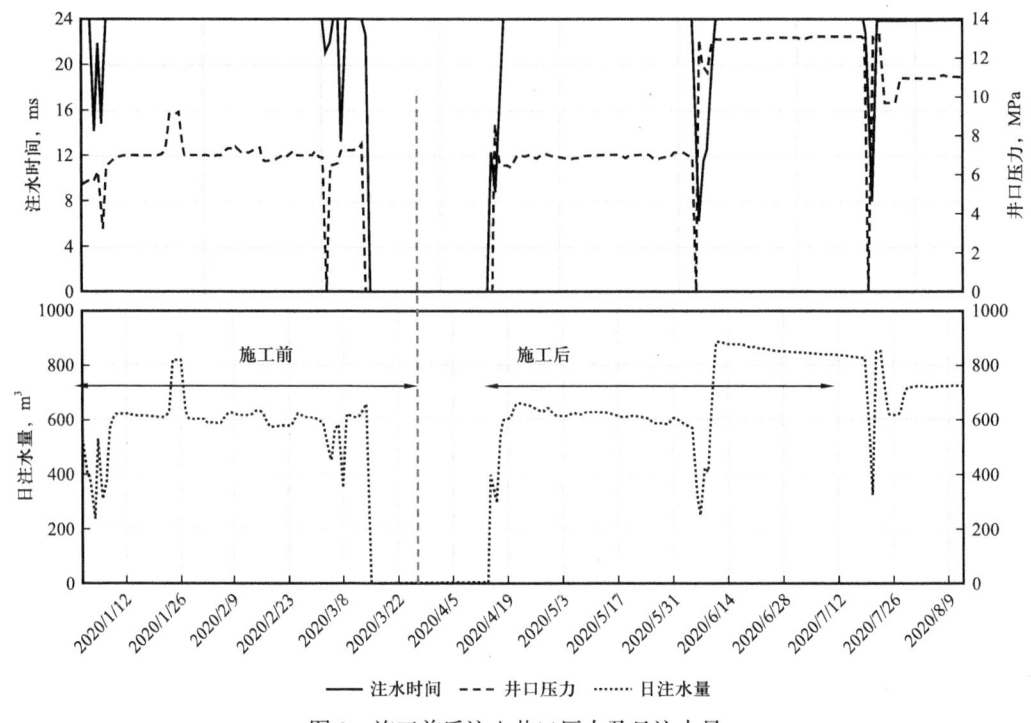

图 8 施工前后注入井口压力及日注水量

5 结论

（1）水基微乳化学固砂体系黏度在室温 25℃时，48h 内黏度为 2～7mPa·s；在 60℃，8h 内黏度为 3～6mPa·s，16h 后黏度上升至 100mPa·s 以上，充分保证了注入安全性。

（2）注入化学固砂剂后岩心渗透率保留率为 84.6%～91.4%，岩心抗压强度为 3.44～6.95MPa；原油固结后，砂粒渗透保留率为 79.2%～86.4%，抗压强度为 5.3～8.6MPa，表明 CPI-SACO 化学固砂体系在原油污染砂粒固结性能和渗透率良好。

（3）酸化后岩心强度基本不变，表明水基乳液固砂体系固结砂粒后在酸性环境下保持良好性能，满足注水井多频次酸化作业要求；水基乳液固砂体系固结砂粒后出砂临界流速 160mL/min，折算出每米储层临界注入量为 318.35m³/d。水基微乳化学固砂体系在海上注水井成功应用，对海上注水井不下筛管后化学防砂简易完井方式具有重要意义。

参 考 文 献

[1] 刘望，肖勇军，石凯，等. 低渗透油气藏压裂用防砂剂的研制及应用［J］. 精细石油化工，2021，

224（5）：1-4.

［2］王力智，董长银，胡泽根，等.恩平油田化学固砂与抑砂辅助防砂实验评价及参数优化［J］.中国石油大学胜利学院学报，2021，129（3）：62-67.

［3］王增林，李鹏，魏芳，等.胜利油田特高含水期化学防砂技术进展［J］.油田化学，2021，149（3）：560-563.

［4］周泓宇，吴绍伟，林科雄，等.适合于储层微粒运移的化学胶结液研究与应用［J］.化学与生物工程，2021，96（9）：54-58.

［5］李壮.稠油水平井砾石充填防砂技术研究与应用［J］.中国石油和化工标准与质量，2021，546（16）：165-166.

［6］席小平.一种防砂可泄油油管锚［P］.黑龙江省：CN213980721U，2021-08-17.

［7］张明，王静，王啸，等.海上疏松砂岩水力喷砂压裂后防砂完井研究［J］.化工管理，2021，600（21）：179-180.

［8］袁伟伟，张启龙，贾立新，等.人工井壁防砂在渤海油田适用性分析及效果评价［J］.石油机械，2021，511（9）：92-99.

［9］孙宝全，任从坤，于昭东，等.一种注水井高效分防分注管柱及施工方法［P］.山东省：CN112709555A，2021-04-27.

［10］王泉，陈超，李洁冰，等.水性复配型泡沫树脂防砂体系制备方法及应用［P］.北京市：CN112521926A，2021-03-19.

［11］冯星政，马爱民，陈冠羽，等.一种小直径分层防砂注水全井反洗井一体化管柱［P］.山东省：CN212563193U，2021-02-19.

［12］张云飞，苏延辉，黄毓祥，等.一种化学防砂固结岩心耐冲刷实验评价装置［P］.北京市：CN212568343U，2021-02-19.

［13］王立武，李宝驹，南志学，等.一种耐碱涂覆砂及其制备方法和应用［P］.山东省：CN112175599A，2021-01-05.

强水敏储层特征分析及低伤害复合防膨体系实验研究

王庆国[1,2]　王永昌[1,2]　方艳秋[1,2]　孙志成[1,2]　石胜男[1,2]

（1.大庆油田有限责任公司采油工艺研究院；2.黑龙江省油气藏增产增注重点实验室）

摘　要：强水敏储层黏土矿物含量高（平均达27.31%），水敏指数达0.87~0.97，埋藏深度浅，地层胶结疏松，常规水基压裂液地层伤害大，改造效果差，单井产量低。针对强水敏储层地质条件及岩石敏感性特点，开展了强水敏储层影响因素研究，攻关了阳离子聚合物黏土稳定剂，形成了"有机+无机"复合防膨体系，压裂液破胶液防膨率达93.4%，7d长效防膨率仍达86.4%，储层岩心分散率低于5%，为强水敏储层提供了技术支撑。该体系开展28口井现场试验，平均单井产量3.91t/d，采油强度0.97t/（d·m），其中试油井工业率84%，现场应用效果良好。

关键词：强水敏；低伤害；复合防膨；长效防膨

Characterization of Strong Water-sensitive Reservoirs and Experimental Study of Low-injury Composite Anti-expansion System

Abstract: Strong water-sensitive reservoirs have high claymineral content（up to 27.31% on average）, water-sensitive index of 0.87~0.97, shallow depth of burial, loosely cemented formations, which have a high formation damage of conventional water-based fracturing fluids with poor stimulation effect and low single-well production. Aiming at the geological conditions of strong water-sensitive reservoirs and the characteristics of rock sensitivity, the oilfield has carried out research on the factors affecting strong water-sensitive reservoirs, developed a cationic polymer clay stabilizers, and formed an "organic + inorganic" composite anti-expansion system, with the anti-expansion rate of 93.4% of the fracturing breaking fluid, and the 7 days long-lasting anti-expansion rate still reaching 86.8% and the percentage of damage of the core is less than 5%, which provides technical support for strong water-sensitive reservoirs.

第一作者：王庆国，男，1971年6月出生，吉林大学有机化学，采油工艺研究院，博士研究生，教授级高级工程师，现从事化学增产增注技术研究。

通信作者：王永昌，男，1985年3月出生，东北石油大学，采油工艺研究院，硕士研究生，高级工程师，现从事增产改造压裂液技术研究。

28 wells of field test was carried out using the system, with an average production of 3.91t/d and an oil recovery intensity of 0.97t/(d·m). The industrial rate of the test wells was 84%, of which the effect of field application was good.

Keywords: strong water sensitivity; low damage; composite anti-expansion; long-lasting anti-expansion

某油田井组含油面积 385.6km², 资源量达 5917.4×10⁴t。目前, 仅提交探明储量 2003.47×10⁴t, 资源潜力巨大, 矿物学特征研究表明, S 储层黏土矿物含量平均为 27%, 最高为 44%, 存在成岩作用弱、敏感性严重、开采及措施改造难度大等问题。2008 年开展 2 个试验区压裂, 高产井压后平均单井日产油 1.46t, 低产井比例达 53.2%, 已有钻遇老井数量达 25522 口, 整体上注水见效慢, 开发效果不理想, 常规压裂液伤害大, 压后产量较低、产量递减快, 无法得到有效动用, 难以满足强水敏储层勘探开发需求。

因此, 亟需开展强水敏储层矿物学特征分析, 探索强水敏储层伤害主控影响因素, 针对强水敏储层地质条件及岩石敏感性特点, 研究适应性压裂液防膨体系。

1 强水敏储层敏感性特征

1.1 储层岩石学特征

该井组油层主要为油浸粉砂岩或油斑泥质粉砂岩(图 1), 储层物性较差, 孔隙度主要为 20%~25%, 平均为 21.9%; 渗透率主要为 1~50mD, 平均为 22.3mD, 属于中—低孔低渗储层。X-衍射黏土定量分析表明, 该区黏土含量最高为 44.11%, 最低为 15.73%, 平均含量为 27.31%, 是造成储层孔隙不发育的重要原因。

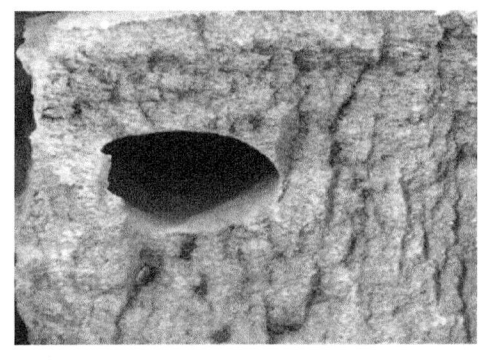

图 1 A/B 层粉砂岩岩心

强水敏储层岩石水敏性强, 水敏指数达 0.87~0.97 (表 1), 北部储层黏土矿物以蒙脱石、高岭石为主, 南部储层黏土矿物以伊利石、绿泥石为主 (表 2)。岩石遇水膨胀、分散和运移严重, 易将地层完全堵塞 (图 2)。

初始　　　　　　　　　　　　　　　　24h后

图 2　强水敏储层浸泡实验

表 1　强水敏储层敏感性特征

井号	井深 m	气体渗透率 $10^{-3}\mu m^2$	地层水渗透率 $10^{-3}\mu m^2$	蒸馏水渗透率 $10^{-3}\mu m^2$	水敏指数
5	805.30~824.44	6.67	0.35	0.0275	0.92
6	805.30~824.44	5.44	1.03	0.07	0.93
7	805.30~824.44	3.25	0.27	0.013	0.95
8	757.07~759.21	3.82	0.33	0.011	0.97
9	901.82	463.00	4.32	0.47	0.89
10	904.65	361.00	0.09	0.01	0.87
11	906.46	317.00	0.13	0.02	0.88

表 2　不同区域强水敏储层黏土矿物相对含量特征表

区域	井号	深度	岩性描述	蒙脱石	伊利石	高岭石	绿泥石	伊蒙混层	黏土含量 %
北部储层	1	894.44	棕色含油细砂岩	51	5	44	0	0	24.93
		901.92	棕色含油细砂岩	43	6	51	0	0	20.71
		904.65	灰棕色油浸细砂岩	55	11	34	0	0	26.46
		906.46	灰棕色油浸细砂岩	60	10	30	23.4	0	23.4
	2	911.54	灰棕色油浸细砂岩	25	40	35	0	0	29.29
南部储层	3	823.67	灰绿色粉砂岩	15	9	0	67	9	9.13
		841.04	油浸泥质粉砂岩	5	6	0	86	3	12.15
		849.87	油迹泥质粉砂岩	7	37	0	36	20	9.54
	4	804.68	油斑泥质粉砂岩	5	26	41	28	0	13.41
		805.62	油斑泥质粉砂岩	6	60	14	20	0	16.28

1.2 黏土矿物含量分析及元素组成

元素成分能谱测定表明，强水敏储层岩心蒙脱石含量高，是储层岩心强水敏的主要原因。Fe^{3+}含量高，占比为5.12%，表明绿泥石含量较高；Al^{3+}含量是常规储层的1.48倍，表明高岭石含量高，黏土易分散运移。

对比分析差热曲线中热反应的发生速度、温度、强度等特征，可以确定黏土矿物类型（如高岭石、多水高岭石，以及不同Mg^{2+}浓度组成的蒙皂石等），进而判断岩石结合性、遇水膨胀程度等性质的差异。差热分析结果表明，强水敏储层黏土矿物含量12.67%，以蒙脱石和伊利石为主，蒙脱石与伊利石的比例为4.63（图3）。

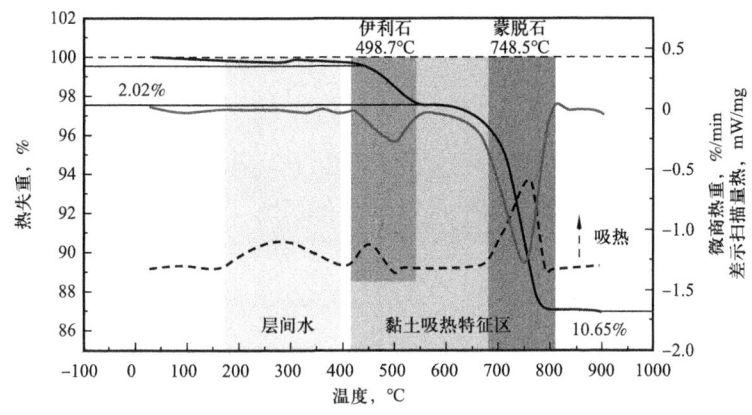

图3 强水敏储层样品的热分析谱图

黏土矿物的阳离子交换量是表示黏土矿物吸附交换性阳离子能力大小的一种量度。不同黏土矿物的阳离子交换容量有较大的差异，通过测量阳离子交换容量，可以作为鉴定黏土矿物组成的辅助方法。采用静水沉降法提取黏土矿物后，测得强水敏储层阳离子交换容量平均值为49.76mmol/100g（表3）。

表3 不同黏土矿物的阳离子交换容量变化

储层岩心	空离心管质量 W g	黏土质量 W_0 g	交换后黏土质量 G g	消耗NaOH体积 A mL	消耗NaOH体积 B mL	阳离子交换容量 CEC mmol/100g	阳离子交换容量 CEC 平均值 mmol/100g
1	12.71	1.00	14.96	20.30	17.40	50.75	49.76
2	12.60	1.00	14.95		17.30	51.74	
3	12.87	1.00	14.46		18.00	46.86	
4	12.89	1.00	14.46		17.90	49.72	

1.3 储层伤害影响因素分析

基于岩心差热分析、阳离子交换容量、元素成分能谱测定实验，对强水敏储层黏土矿物进行深层定量分析，明确强水敏储层伤害控制因素及伤害类型主要包括：压裂液水敏伤害、储层胶结疏松引起井底出砂造成导流能力损害、低温破胶不彻底导致压裂液破胶伤害。结合储层水敏伤害原因及黏土矿物伤害机理分析，确定了黏土稳定剂筛选原则：一是具有良好的晶格取代性；二是具有良好吸附性能；三是长期冲刷性能稳定，耐酸耐碱；四是岩心渗透率伤害低。

2 黏土稳定剂优化实验原料及实验方法

针对上述优化原则，开展了黏土稳定剂性能评价筛选，评价了无机盐、阳离子表面活性剂、阳离子聚合物等多种类型的黏土稳定剂，并对不同类型黏土稳定剂进行了复配。

2.1 实验设备及药品

实验设备：量筒、离心机、烘箱、万分之一电子天平、离心管、干燥皿等。

实验药品：膨润土、FPJ、煤油、6015B、6025D、NW-2、NW-5、KCl、氯化铵、冰乙酸等。

2.2 实验方法

2.2.1 防膨率实验

取膨润土，放入恒温干燥箱，烘干4h；准备足够的10mL离心管，清洗干净，放置于烘箱内，105℃烘干至无水；在离心管中加入黏土稳定剂溶液；称取0.5g岩屑粉末，加入离心管中，在室温下静置4h，装入离心机离心分离15min，读出膨润土膨胀后的体积，用10mL水取代相应溶液，测膨润土在水中的膨胀体积$V_{水}$。用10mL煤油取代相应溶液，测膨润土在煤油中的膨胀体积$V_{煤油}$。

2.2.2 耐水洗能力实验

根据SY/T 7627—2021《水基压裂液技术要求》中耐水洗性能的测试方法，用滴管吸取离心后的上清液，加入10mL去离子水，充分混合，室温下静置2h，离心。继续上述步骤2次，测定钠膨润土在水中的膨胀体积和煤油中钠膨润土的膨胀体积，最后根据公式计算耐水洗率。

2.2.3 分散率实验

将岩心粉碎成颗粒，经过筛孔基本尺寸为0.9mm、1.6mm的实验筛筛分，取粒径为0.9～1.6mm（12～20目）的岩屑在105℃下烘4h后备用；称取约5g岩屑，记录岩屑质量，并将其放入50mL待测液中，在储层温度下浸泡4h；滤纸烘至恒重后称其质量，将浸泡后的岩屑用蒸馏水冲至滤纸上，过滤出活性水，80℃烘干3h后再升温至105℃烘干2h；将烘干的岩屑过32目的筛子，称得筛后岩屑质量；根据公式计算岩屑分散率。

2.2.4 岩心渗透率伤害实验

选用天然岩心,根据 SY/T 7627—2021《水基压裂液技术要求》测试储层渗透率伤害情况。在黏土稳定剂的岩心实验里,测试其渗透率的变化以评价黏土稳定剂溶液的防膨效果,同时对饱和后岩心进行 CT 扫描和二维核磁共振测试。

2.2.5 压裂液配伍性评价

按照 SY/T 7627—2021《水基压裂液技术要求》,压裂液与地层水配伍性按 1∶2、1∶1 和 2∶1 的体积比量取破胶液与地层水于烧杯中,形成 100mL 混合液,观察是否产生沉淀或絮凝现象。采用 Haake Markker-Ⅲ型旋转流变仪测试耐温耐剪切和破胶性能。

3 实验结果

3.1 防膨率评价

开展了不同黏土稳定剂离心法防膨率实验评价,结果表明小阳离子聚合物 6020D 防膨性能最佳,2% 防膨率可达 87.37%,优选了黏土稳定剂类型,结果见表 4。

表 4 不同黏土稳定剂防膨率

浓度,%	防膨率,%					
	FPJ	6515B	6020D	NW-2	NW-5	KCl
0.5	25.95	70.07	75.26	58.82	52.77	60.14
1	43.25	86.07	86.94	72.66	69.20	72.23
2	60.55	86.85	87.37	80.45	76.12	88.18
3	66.61	88.67	89.53	85.64	81.31	92.25

3.2 耐水洗能力评价

开展了不同黏土稳定剂长期冲刷实验,结果见表 5。

表 5 不同黏土稳定剂长期冲刷防膨率

黏土稳定剂类型	防膨率,%							
	冲刷次数							
	初始	1	2	3	4	5	6	7
1%NW-2	72.66	72.66	71.80	71.80	71.80	71.80	71.37	71.37
1%NW-5	69.20	68.77	68.34	67.91	67.91	67.47	67.47	67.23
1%6015B	86.07	86.07	85.47	85.21	84.78	84.78	84.34	84.20

续表

黏土稳定剂类型	防膨率，%							
	冲刷次数							
	初始	1	2	3	4	5	6	7
1%6020D	86.94	86.94	86.94	86.51	86.51	86.07	86.07	85.97
1%FPJ	43.25	42.39	42.39	41.52	41.52	40.66	40.66	40.54
1%KCl	76.53	75.20	71.60	65.10	60.40	58.40	55.30	52.60

长期冲刷实验结果表明，1%NW-2、1%NW-5、1%6015B、1%6020D 四种类型的黏土稳定剂，随着冲刷次数的增加，防膨率几乎无变化，防膨率整体相对较高；1%FPJ、1%KCl 两种类型的黏土稳定剂，随着冲刷次数的增加，防膨率降低，整体处于较低水平（图4）。

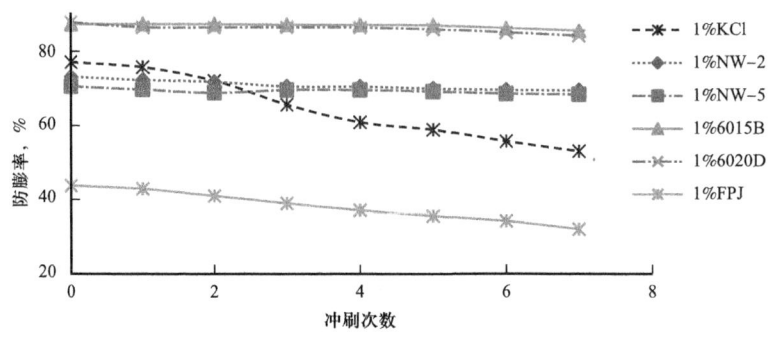

图 4　不同黏土稳定剂长期冲刷实验

3.3　黏土稳定剂复配性能

为保证长期防膨，对无机盐和小阳离子黏土稳定剂进行了复配，通过搭配无机盐使用，实现最佳的防膨效果，不同黏土稳定剂与 KCl 复配后防膨性能见表6。实验结果表明，1%6020D+2%KCl 防膨率为 93.86%，防膨效果最佳，可有效抑制黏土膨胀及颗粒运移，168h 长期冲刷实验防膨率仍达 85.47%，可满足强水敏储层防膨需要。

表 6　不同黏土稳定剂与 2%KCl 复配防膨率

配方	1%FPJ+2%KCl	1%6015B+2%KCl	1%6020D+2%KCl	1%NW-5+2%KCl	1%NW-2+2%KCl
防膨率，%	87.37	92.13	93.86	85.64	90.40

3.4　压裂液配伍性结果

3.4.1　对流变的影响

将复合防膨体系加入乳化压裂液，开展了流变性能对比实验，见表7。

表7 乳化压裂液流变实验结果

胍胶浓度 %	剪切温度 ℃	配方	剪切黏度，mPa·s		
			初始	30min	60min
0.35	45	乳化压裂液	562.6	249.7	273.3
		乳化压裂液＋复配黏土稳定剂	331.3	314.9	330.7

流变实验结果表明，加入复合防膨体系前后对压裂液流变性能基本无影响，剪切终黏＞50mPa·s，满足现场施工要求（图5）。

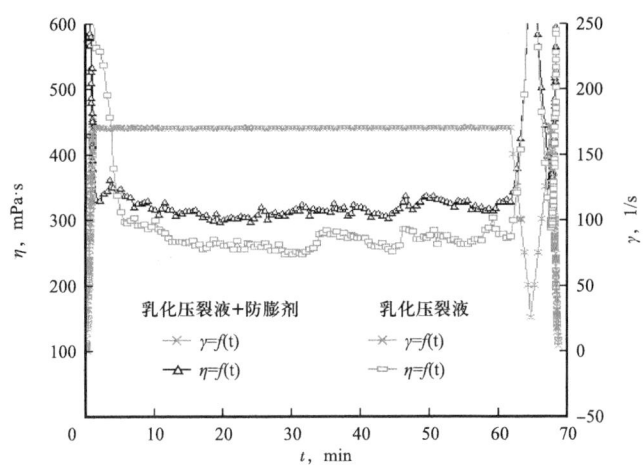

图5 乳化压裂液流变曲线对比

3.4.2 对破胶的影响

将复合防膨体系加入乳化压裂液，开展了破胶性能对比实验（图6）。

配方1　　　　　　　　配方2

图6 乳化压裂液破胶液

破胶实验结果表明,加入复合防膨体系后对强水敏储层乳化压裂液破胶基本无影响,破胶液黏度<3mPa·s,均可满足标准及现场施工要求(表8)。

表8 压裂液破胶液黏度

序号	配方	破胶剂	破胶液表观黏度,mPa·s
1	乳化压裂液	0.05%$(NH_4)_2S_2O_8$	2.836
2	乳化压裂液+复合防膨体系		2.305

3.5 压裂液综合性能

3.5.1 压裂液防膨性能

将复合防膨体系加入压裂液进行破胶,并开展破胶液分散率性能评价,结果表明破胶液分散率为2.30%~4.97%,大大降低岩石颗粒分散运移,满足储层改造需求。

开展了压裂液破胶液防膨实验,结果表明加入复合防膨体系后破胶液防膨率达93.4%,7d长效防膨率仍达86.4%,与压裂液配伍性良好。

3.5.2 压裂液综合伤害

采用强水敏储层岩心开展了加入复合防膨及后压裂液岩心CT扫描测试和核磁共振,CT扫描测试结果表明复合防膨乳化压裂液孔隙度伤害程度为26.75%,较常规乳化压裂液降低了18.05%(图7)。核磁共振结果表明复合防膨乳化压裂液孔隙伤害程度为25.45%,较常规乳化压裂液孔隙伤害程度降低30.52%(图8)。

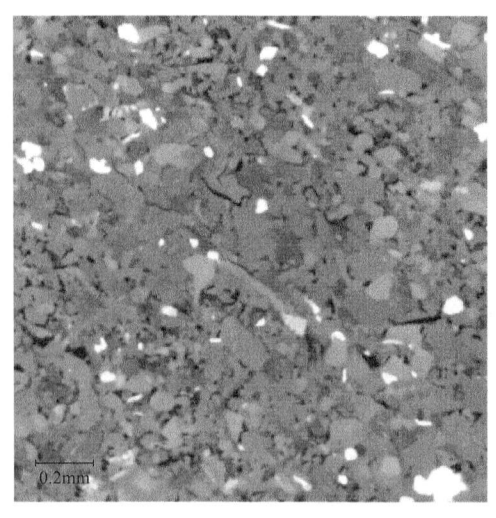
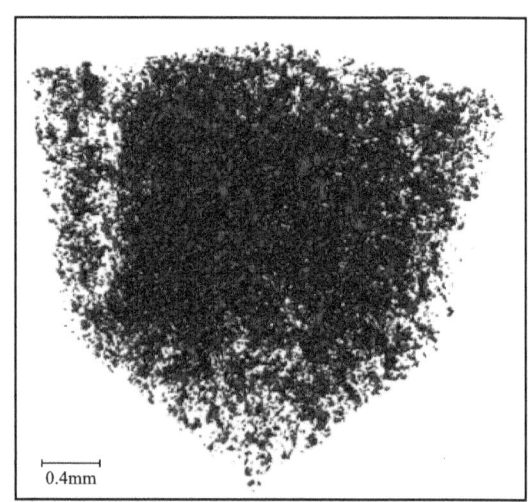

图7 复合防膨乳化压裂液CT扫描结果

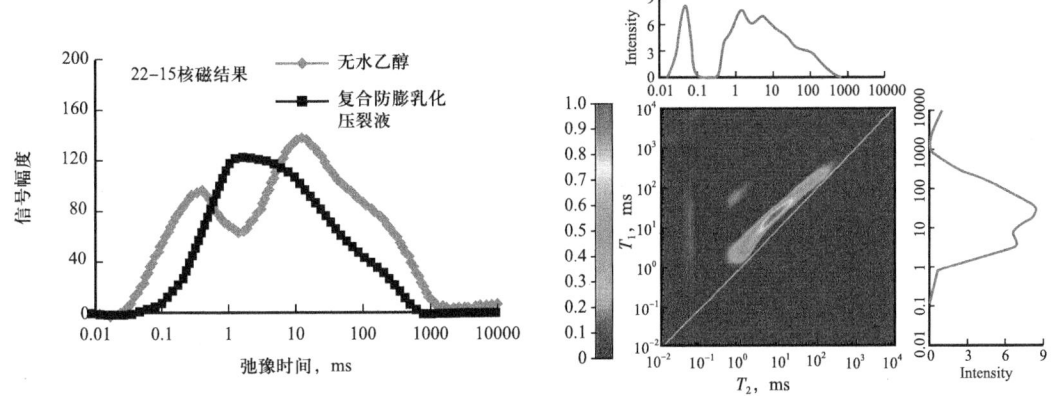

图 8　复合防膨乳化压裂液核磁共振结果

4　现场应用效果

在某油田强水敏储层开展"有机 + 无机"复合防膨压裂液体系现场试验 28 口井 42 段，平均单井产量 3.91t/d，采油强度 0.97t/（d·m），其中试油井 25 口，21 口达到工业油流，工业率 84%。

5　结论

（1）通过 X 射线分析、差热分析、元素成分能谱测定等手段对强水敏储层矿物进行深层定量分析，认清了储层黏土矿物水化与分散运移原理，为黏土稳定剂筛选提供了理论依据。

（2）通过对比无机盐、季铵盐和阳离子型等不同类型黏土稳定剂防膨性能，最终确定了小阳离子型黏土稳定剂 6020D，1% 浓度 6020D 防膨率可达 86.94%，7d 长期冲刷实验后防膨率仍可达 85.1%，对黏土矿物膨胀具有良好的抑制作用。

（3）形成"有机 + 无机"复合防膨体系，评价结果表明，加入复合防膨体系后，压裂液破胶液防膨率达 93.4%，7d 长效防膨率仍达 86.4%，储层岩心分散率低于 5%。

（4）开展现场试验 28 口井，取得良好效果，表明"有机 + 无机"复合防膨体系与储层配伍，复合防膨技术的应用为强水敏储层增产改造提供了技术支撑。

参 考 文 献

[1]丁申影，喻海峰，贾菲，等.强水敏油藏防膨技术研究及应用[J].钻采工艺，2016，39（2）：108-111.

[2]张瑞，师永民，田雨，等.一种阳离子型聚合物黏土稳定剂的制备与性能研究[J].应用化工，2023，52（10）：2787-2796.

[3]谢长宇,郭军,樊力,等.耐冲刷、长效聚季铵型阳离子黏土稳定剂的研制[J].石油化工应用,2008,27(3):10-13.

[4]张星,毕义泉,汪芦山,等.黏土矿物膨胀机理及防膨研究现状[J].精细石油化工进展,2014,15(5):39-43.

[5]万长锁,张伟,刘延军,等.阳离子黏土稳定剂的室内性能评价研究[J].辽宁化工,2011,40(1):32-38.

[6]吴新民,罗平亚.阳离子聚合物黏土稳定剂有效期的评价及预测[J].石油钻采工艺,1996,18(1):28-32.

[7]SY/T 7627—2021[S].水基压裂液性能评价方法.

[8]孙志成.大庆致密油应用的三种压裂液适用指标研究[J].采油工程,2021(3):62-67.

[9]张红丽.复合型黏土稳定剂与压裂液配伍性研究[J].石油化工应用,2018,37(1):25-28.

[10]肖丹凤,朱文波,王永昌,等.海拉尔盆地含凝灰质储层酸性低伤害纤维素压裂液室内研究[J].采油工程,2021(3):39-45.

解堵抑砂一体化工艺技术研究及应用

邵彭涛　邱丽灿　姜光宏　曲庆东　田初明　杜叔良　马　龙

（中海油能源发展股份有限公司工程技术分公司）

摘　要：疏松砂岩油藏分布广泛、储量丰富，但疏松砂岩储层在生产过程中极易出砂。渤海A油田矿物学特征表现为泥质含量高，整体呈易出砂特征。针对易出砂井酸化措施有效期短且进一步加剧黏土矿物微粒运移的问题，开展了解堵抑砂一体化工艺研究，通过研究解堵液的溶蚀、缓蚀性能，抑砂剂的抑砂性能，得出螯合酸和抑砂剂可以满足解堵抑砂一体化工艺技术基本要求。该工艺已在海上油田成功应用，增产效果明显，有效期长，应用效果良好。

关键词：储层污染；解堵抑砂；增产措施

Research and Pilot Test of Blocking Removal and Sand Control Integration Technology

Abstract: Unconsolidated sand stone reservoirs are widely distributed and abundant in reserves, but unconsolidated sand stone reservoirs are prone to sand production in the production process. The mineralogical characteristics in Bohai A oilfield are characterized by high mudstone content and easy sand production.Aiming at the problem of short validity period of acidizing measures in sand producing wells and further aggravating the migration of clay mineral particles, the research on the integrated technology of plugging and sand control is carried out. By studying the corrosion and corrosion inhibition performance of blocking removal fluid and the sand control performance of sand suppression agent, it is concluded that chelating acid and sand suppression agent can meet the basic requirements of the integrated technology of acidizing and plugging removal. The process has been successfully applied in Bohai A oilfield, and the effect of increasing production is obvious, the validity period is long, and the application effect is good.

Keywords: reservoir pollution ; blocking removal and sand control ; production increasing measures

1　引言

疏松砂岩油藏分布广泛、储量丰富，在石油开采中占有重要地位，但疏松砂岩储层在

第一作者简介：邵彭涛，男，1993年8月出生，2020年6月毕业于中国石油大学（北京），获工学硕士学位，现工作于中海油能源发展股份有限公司工程技术分公司，酸化工程师，主要从事增产措施研究工作。

生产过程中极易出砂，尤其是高泥质疏松砂岩油藏，此类油藏具有泥质含量高、粉细砂含量高的特点。此类油田油井开发过程中往往伴有出砂问题，这些细小微粒在流体的流动作用下发生运移，运移至孔隙喉道处，导致近井地带储层渗透率下降，从而影响油井产能的释放。出砂低效油井多采取近井地带解堵措施，但出砂油井的解堵作业，没有从根本上解决油井出砂的问题，同时酸液的溶蚀作用会带来更严重的微粒运移，从而导致酸化解堵有效期短。为达到解除堵塞同时控制出砂的目的，室内开展了解堵和抑砂联做一体化工艺技术研究，通过对抑砂剂、酸化解堵剂的筛选与评价，研制出一套适合海上油田易出砂油井的解堵抑砂一体化工作体系与技术，以保障解堵作业的效果，以期为同类井治理提供一定的技术支持。

2 解堵抑砂原理

采用化学药剂多级段塞注入方式，工作液段塞主要包括清洗剂、解堵剂、抑砂剂、分流剂等。通过一体化体系工艺技术，利用解堵剂解除筛管段及其近井污染带堵塞伤害物，必要时利用黏度差分流工作液至相对中低渗目的层，均匀布酸解除中低渗储层污染伤害；利用抑砂剂束缚粉砂特性，抑制稳定1~2m可移动微粒，避免后续生产形成桥堵和出砂，从而起到解堵抑砂双重作用。

3 解堵抑砂一体化工艺技术构建

稠油疏松砂岩油藏在开发过程中往往伴有出砂问题，出砂油井在进行解堵作业时，易造成岩石骨架的破坏，加剧油井的出砂，因此稠油疏松油藏解堵时应与抑砂结合起来。

解堵抑砂一体化治理思路：先采取解堵措施解除近井地带污染及筛管堵塞伤害，然后采用化学抑砂技术将地层中的砂粒胶结在一起，束缚微粒运移，提高地层强度或形成具有一定强度的挡砂屏障，达到解堵增产的同时又可防止或延缓后续生产过中出现微粒运移伤害的目的。

3.1 工作液性能评价

3.1.1 解堵液体系筛选

在选择酸液时应当注意酸液的缓速性能，同时控制总溶蚀率，避免储层出砂加剧甚至酸塌储层。同时要与抑砂剂保持良好的配伍性，保持良好二次沉淀抑制能力，提升酸化效果。

1.盐酸对岩粉溶蚀能力

分别采用浓度为6%、8%、10%、12%的盐酸对蓬莱19-3油田岩粉样品进行溶蚀实验，实验数据见表1。

表 1　盐酸对岩粉溶蚀率测定

编号	酸液浓度	滤纸重，g	岩粉重，g	反应后滤纸＋岩粉重，g	岩粉失重，g	溶蚀率，%
1	6%HCl	0.9867	5.0122	5.8648	0.1341	2.68
2	8%HCl	0.9798	5.0178	5.8599	0.1377	2.74
3	10%HCl	0.9890	5.0035	5.8484	0.1441	2.88
4	12%HCl	0.9890	5.0172	5.8550	0.1512	3.01

实验结果表明，所取岩屑中碳酸质含量较低，单纯用盐酸无法达到理想的酸化效果。

2. 螯合酸对岩粉溶蚀能力

对于疏松砂岩的微粒运移堵塞井，采用以疏通堵塞为主、弱溶蚀的思路，采用50%浓度螯合酸对岩屑进行4h和24h溶蚀率测定，对照组采用50%氟硼酸。

根据实验结果（表2），螯合酸4h溶蚀为9.06%，24h总溶蚀为19.73%；氟硼酸4h溶蚀为19.93%，24h总溶蚀为20.49%，说明螯合酸比氟硼酸有更好的持续缓速溶蚀性能。

表 2　螯合酸对岩粉溶蚀率

项目	螯合解堵剂		氟硼酸	
	反应4h后质量	反应24h后质量	反应4h后质量	反应24h后质量
岩屑重量，g	5.0084	5.0293	5.0112	5.0122
滤纸质量，g	2.0009	2.0197	2.0086	1.9899
烘2h后称重，g	6.5556	6.0568	6.0212	5.9753
岩粉减重，g	0.4537	0.9922	0.9986	1.0268
溶蚀率，%	9.06	19.73	19.93	20.49

3. 溶蚀膨润土

采用50%浓度螯合酸对膨润土进行4h和24h溶蚀率测定，对照组采用50%氟硼酸。

膨润土24h螯合溶蚀率达31.15%，对比氟硼酸该体系溶蚀能力具备长效缓速效果，现场反应可控程度高，有效降低储层酸化出砂风险（表3）。

表 3　螯合酸对膨润土溶蚀率

编号	工作液	反应时间	土质量 g	纸质量 g	溶蚀后总质量 g	溶蚀率 %	平均溶蚀率 %
1	50%螯合酸	4h	1.0072	0.9940	1.8120	18.78	18.17
2			1.0092	0.9410	1.7731	17.55	
3		24h	1.0033	0.9667	1.6557	31.33	31.15
4			1.0040	0.9661	1.6592	30.97	

续表

编号	工作液	反应时间	土质量 g	纸质量 g	溶蚀后总质量 g	溶蚀率 %	平均溶蚀率 %
5	50%氟硼酸	4h	1.0081	0.9961	1.7105	29.13	29.32
6			1.0053	0.9866	1.6953	29.50	
7		24h	1.0068	0.9875	1.6536	33.84	33.86
8			1.0035	0.9963	1.6599	33.87	

4. 缓蚀性能

依据 SY/T 5405—2019《酸化用缓蚀剂性能试验方法及评价指标》，测量结果见图 1、表 4。

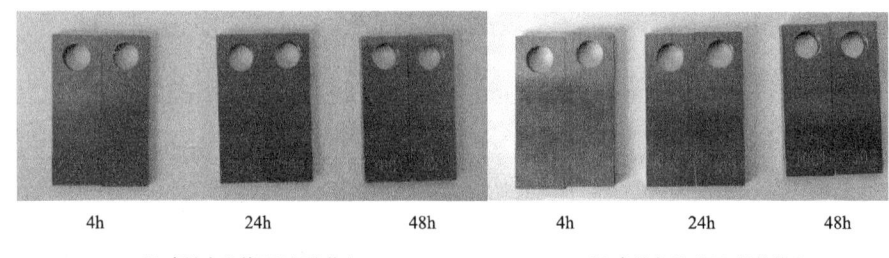

(a) 腐蚀实验前N80钢片状态   (b) 腐蚀实验后N80钢片状态

图 1　腐蚀评价试验

表 4　腐蚀速度记录表

编号	工作液	反应时间	钢片编号	实验前质量 g	实验后质量 g	腐蚀速率 g/(m²·h)	平均腐蚀速率 g/(m²·h)
1	50%螯合酸	4h	7097	7.5916	7.5851	1.3	1.45
2			7098	7.4452	7.4372	1.6	
3		24h	7099	7.5699	7.5447	0.84	0.72
4			7100	7.2014	7.1835	0.6	
5		48h	7001	7.6359	7.6041	0.53	0.55
6			7002	7.4402	7.4065	0.56	

螯合酸的缓蚀效果能控制在 5g/(m²·h) 以下，一般腐蚀速率性能要求小于 5g/(m²·h)，满足要求。

5. 体系动态驱替评价实验

参考 SY/T 5886《酸化工作液性能评价方法》，采用人造岩心开展动态驱替实验，评价螯合酸解堵体系对岩心的恢复情况。实验使用直径 1in 空心钢管填充砂土：92% 20～60 目砂 +5% 土 +3% 碳酸钙。采用 4%NH_4Cl 水溶液以 1mL/min 速度进行正向驱替，待稳定后测试水驱渗透率 K_1；然后正向以 1mL/min 速度驱替螯合酸解堵体系，直至流量及压差稳定,再正向驱替 4%NH₄Cl 水溶液,待稳定后测试水驱渗透率 K_2。

从驱替实验结果可知,人造岩心的初始水驱渗透率约为 195mD,解堵后水驱稳定渗透率约 610mD,解堵后有效渗透率增幅约 300%,解堵后水驱稳定前渗透率有坡度下滑,分析认为微粒运移导致(图 2)。

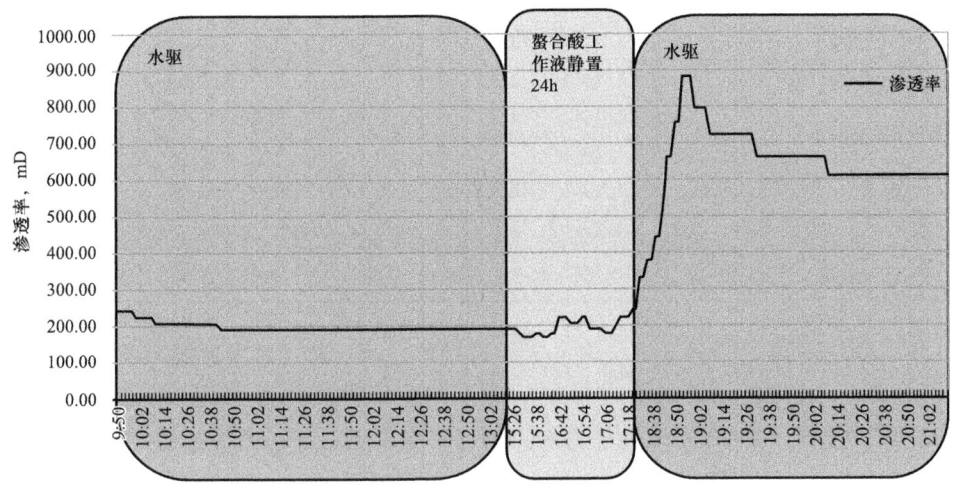

图 2　螯合酸解堵体系对人造岩心动态驱替实验

综上,螯合酸溶蚀能力具备长效缓速效果;利于均匀布液,利于深部解堵;不增加层间差异矛盾,不伤害储层岩石骨架。

3.1.2　抑砂剂体系

抑砂剂由特殊表面活性剂(抑砂剂 A)及电荷压缩剂(抑砂剂 B)及抑砂防膨剂(抑砂剂 C)组成。特殊表面活性剂是由一种在水溶液中空间结构为蠕虫状胶束的改性表面活性剂组成,加入电荷压缩剂后,胶束内电荷被压缩,胶束形态由蠕虫状变为线性,胶束间易发生卷曲和缠绕,可形成网状结构,多层网状结构通过互相穿插,交缠形成三维立体的"网"结构,可将砂粒牢固地包裹其中,阻止砂粒的运移。特殊表面活性剂分子中含有可与岩石骨架吸附的基团,可将包裹砂粒的"网"通过静电吸附及形成化学键固定于岩石骨架上,达到原位固定砂粒的作用,达到抑砂效果。防膨抑砂剂是以防膨缩膨为主要作用的功能表面活性剂,与抑砂剂 A、B 具有良好的配伍性(图 3)。

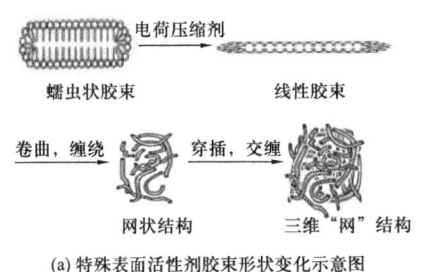
(a) 特殊表面活性剂胶束形状变化示意图

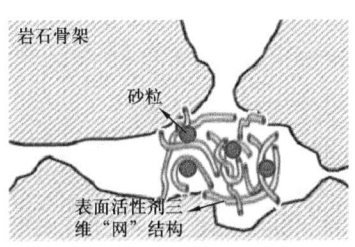
(b) 抑砂体系抑砂机理示意图

图 3　抑砂体系抑砂机理示意图

1. 外观及黏度

抑砂体系单剂与混合体系的外观和黏度见表5。

表5 体系外观和黏度性能

产品名称	常温下布氏黏度	外观
包埋温控固结剂	2.4mPa·s	无色液体
改性有机酯桥接剂	1.4mPa·s	微黄色液体
表面改性处理剂	1.2mPa·s	无色液体
工作液：1%～3% 包埋温控固结剂 +1%～3% 改性有机酯桥接剂 +1%～2% 表面改性处理剂		
常温：1% 包埋温控固结剂 +1% 改性有机酯桥接剂 +2% 表面改性处理剂，工作液布氏黏度：4.8mPa·s；3% 包埋温控固结剂 +3% 改性有机酯桥接剂 +1% 表面改性处理剂，工作液布氏黏度：120mPa·s		

2. 分液漏斗实验

实验方法：分别配置两种浓度抑砂剂体系：抑砂体系①为1%包埋温控固结剂+1%改性有机酯桥接剂+2%表面改性处理剂；抑砂体系②为3%包埋温控固结剂+3%改性有机酯桥接剂+1%表面改性处理剂。在250mL分液漏斗中加入100mL工作液，再加入10g工程砂（40～80目），用力摇晃后室温静置一定时间，然后打开分液漏斗，观察是否有砂粒流出（图4）。

抑砂工作液与石英砂分液漏斗混合后初始状态　　　　分液漏斗静置24h后打开活塞2h后状态

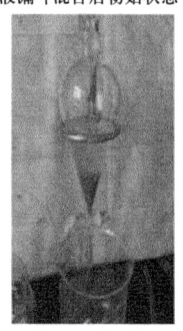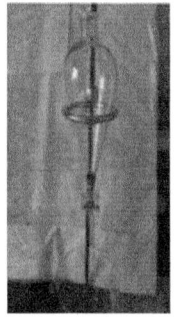

抑砂体系①　　抑砂体系②　　　　　　　　抑砂体系①　　抑砂体系②

图4 抑砂剂分液漏斗实验

打开活塞后，分液漏斗锥形底部砂流出，中上部砂体稳定，上部液体全部流出后，中上部砂体仍保持稳定，说明两种浓度抑砂剂体系处理后的石英砂砂体具有一定稳定性能。

3. 岩心流动实验

空心管填砂步骤：① 出口段以 80mμ 筛网封口；② 出口端填入 15g 20～40 目石英砂，加入约 2g 清水浸润石英砂，稳定出口端；③ 配制混合砂：30% 20～40 目石英砂 +60% 60～120 目石英砂 +10% 900 目石英砂；④ 出口端向下竖直空心管，填入混合砂，期间不断压实砂体；⑤ 使用薄层医用棉粘少许水封闭入口段，防止石英砂流出（图5）。

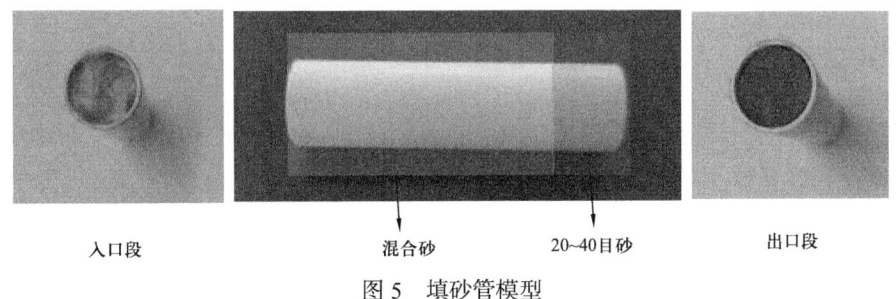

入口段　　　　　　混合砂　　20~40目砂　　　出口段

图 5　填砂管模型

对制作好的填砂管进行驱替实验，先进行水驱，之后泵注抑砂液，静置 1d 后再进行水驱，过程中记录排量、压力及出砂状态。

填砂管岩心流动实验及其结果（图 6）：

（1）抑砂前低压水驱过程中持续有 900 目石英砂流出。

（2）挤注抑砂剂后，水驱过程中由低至高调整驱动压力，无 900 目石英砂流出。

（3）抑砂前水驱有效渗透率约 616mD，挤注抑砂剂再次水驱，稳定后的水驱渗透率约 521mD，渗透率恢复值 84.6%。

（4）抑砂前低压水驱条件下，微粒运移严重，渗透率大幅下降；抑砂后，大幅提高压力排量，水驱渗透率趋于稳定，微粒运移趋于零。

（5）12.3cm 长填砂管 1PV 体积约 18mL，抑砂后 KCl 盐水水驱用量约 1920mL，驱替体积倍数约 100PV，水驱过程中渗透率趋于稳定，耐冲刷性良好。

（6）填砂管岩心流动实验表明，抑砂剂对 900 目石英砂有良好抑制作用，对岩心伤害低。

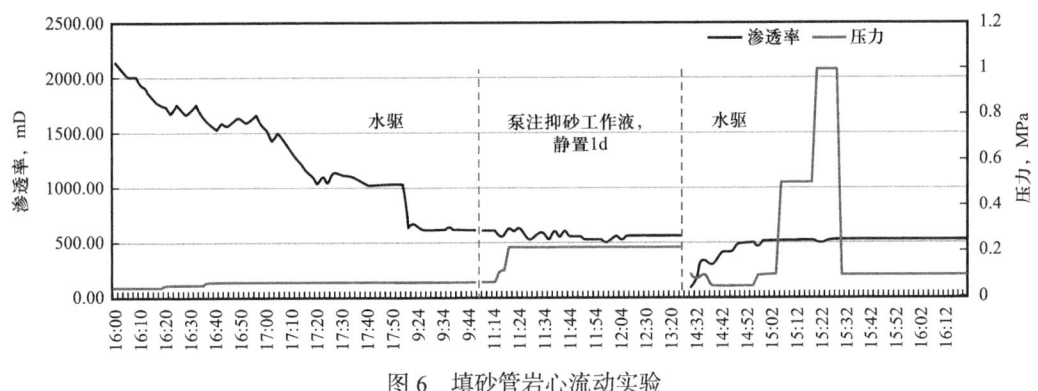

图 6　填砂管岩心流动实验

3.1.3　螯合酸与抑砂剂配伍性

分别将 50% 浓度螯合酸与重垢清洗液、防膨剂和抑砂剂按 1∶1 混合均匀，观察配伍性（表 6）。

实验结果表明，螯合剂与其他配合药剂的配伍性良好。抑砂工作液与螯合酸混合液静置 24h 反应前后，打开分液漏斗，无石英砂流出，抑砂工作液抑砂性能未受影响（图 7）。

表6 螯合酸配伍性实验

药剂	4h 状态	24h 状态	48h 状态
重垢清洗液 + 螯合酸	棕红色，无沉淀	棕红色，无沉淀	棕红色，无沉淀
防膨剂 + 螯合酸	清澈透亮	清澈透亮	清澈透亮
抑砂剂 + 螯合酸	清澈透亮	清澈透亮	清澈透亮

图7 螯合酸与重垢清洗剂、防膨剂、抑砂剂配伍性

3.2 施工工艺优化

3.2.1 施工段塞设计

酸化施工过程中，合理的泵注程序可以最大限度地发挥各酸化段塞的作用，达到最优的酸化效果。

段塞设计目的：重点解除筛管段及其炮眼处重度污染带垢物；其次解除近井 0.5~1.0m 半径内无机垢物；利用黏度差分流螯合酸工作液至相对中低渗目的层；利用螯合酸超缓速溶蚀性能，破坏 0.5~1m 半径范围内桥堵处颗粒团结构；利用地层稳定工作液束缚粉砂特性，在顶替开孔喉桥堵颗粒的同时，束缚可移动颗粒，当恢复生产时不形成新的桥堵状态；大幅提高生产层位临界流速，满足提频提液需求（表7）。

3.2.2 药剂泵注

解堵作业时，为了保证近井地带的解堵效果，建议采取限压不限排量的泵注方式，在不超过最大安全施工压力的情况下尽可能加大泵注排量。挤注抑砂液时，施工压力不超过安全施工压力，为了方便固砂液在储层中吸附，泵注排量建议控制在 0.1~1.0m³/min。

3.2.3 生产制度建议

为了保证抑砂液的抑砂效果，防止解堵初期生产压差过大导致储层出砂，整个作业结束后，建议电泵先低频小排量生产，若 7d 内无出砂情况，逐步提液，每次上提液量幅度 10%，待稳定 1 周后方开展下次提液，同时监测产液及含水、出砂情况，最高提液不应超过作业前稳定生产时的产液量（或原正常生产压差）。若生产过程中检测到出砂，检测出砂量，若出砂量大于 0.05%，则降低频率生产；若出砂量在 0.05% 以内，则按照目前频率继续生产。

表 7 段塞设计及作用

液体名称	作用
清洗剂工作液	隔离原油与酸液接触,清洗有机质伤害
顶替液	顶替井筒中工作液至顶部封隔器浸泡筛管段,防止黏土膨胀
解堵工作液	解除筛管炮眼 0.5~1.0m 处黏土、微粒和结垢物等
顶替液	顶替井筒中工作液至顶部封隔器浸泡筛管段,防止黏土膨胀
地层稳定工作液	低黏表面活性剂型抑砂体系,抑制黏土膨胀,束缚粉砂运移。抑砂半径 1~2m
高黏分流工作液	高黏体系进行分流,实现均匀布酸
解堵工作液	解除中低渗透层 0.5~1m 黏土、微粒和结垢物等
顶替液	顶替井筒中工作液至顶部封隔器浸泡筛管段,防止黏土膨胀
地层稳定工作液	低黏表面活性剂型抑砂体系,抑制黏土膨胀,束缚粉砂运移。抑砂半径 1~2m
顶替液	顶替井筒中工作液至人工井底,将抑砂工作液全部顶替进入地层,防止黏土膨胀

4 现场应用

4.1 渤海 A 油田面临主要问题

4.1.1 潜在地层伤害

渤海 A 油田储层的岩石学分类为岩屑长石砂岩,储层岩心疏松,填隙物以黏土为主,微结构疏松。衍射分析表明,石英 52.4%,长石 33.7%,黏土平均为 13.7%。黏土矿物含量较高,容易引起储层敏感性伤害(图 8)。

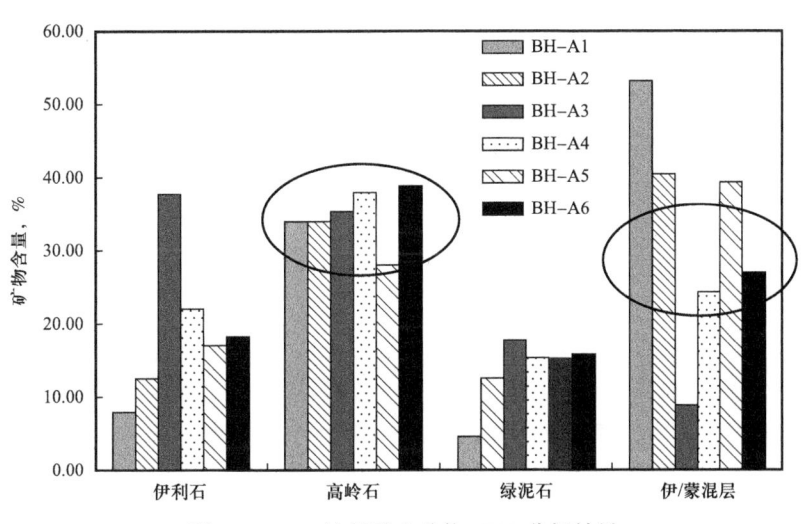

图 8 BH-A 油田黏土矿物 XRD 分析结果

4.1.2 有机质沉积伤害

渤海 A 油田原油样品分析数据表明：含蜡量中等，凝固点低，原油胶质沥青质含量高，生产过程中存在有机垢沉淀，与微粒、无机垢运移至筛网处沉积堵塞有关，减小了孔渗空间，降低了产量（表8）。

表8 渤海 A 油田某井原油分析

API度 （60°F）	凝固点 ℃	酸值 mg（KOH）/g	含蜡量 %	沥青质 %	胶质 %	黏度（50℃） mPa·s	密度（20℃） kg/m³
17.45	−21	5.09	4.97	5.96	18.18	343.8	946.1
17.76	−17	1.55	5.61	5.06	17.79	307.6	944

4.2 解堵抑砂一体化工艺技术现场实施情况

解堵抑砂一体化工艺技术已在渤海 A 油田 × 井成功应用，解堵后相比于解堵作业前，日产液由 233m³/d 增加至 477m³/d，日产油由 21m³/d 增加至 41m³/d，说明地层中的堵塞物得到有效溶解，酸化效果明显。

4.3 BH-A-× 井应用分析

4.3.1 生产井史

BH-A-× 井于 2019 年 8 月 15 日投产。该井共分 4 段进行压裂砾石充填完井。生产厚度 74m，最大井斜 70.88°。初期产液量 331m³/d，初期产油量 117m³/d，含水 65%，生产压差 5.5MPa，吸入口压力 6.4MPa，采液指数 60m³/（d·MPa）。随着生产，该井产液量和采液指数小幅下降。2021 年 3 月 11 日泵工况数据丢失。压力数据丢失前产液量 297m³/d，产油量 48m³/d，含水 84%，生产压差 6.8MPa，吸入口压力 5.1MPa，采液指数 44m³/（d·MPa）。2021 年 6 月 13 日马达堵转报警停泵，多次调整参数仍马达堵转报警停泵。环空反洗后仍无法正常启泵。2021 年 6 月 21 日完成了检泵作业。检泵前产液量 310m³/d，产油量 57m³/d，含水 82%。检泵后产液量 255m³/d，产油量 35m³/d，含水 86%，生产压差 5.5MPa，吸入口压力 3.1MPa，采液指数 46m³/（d·MPa）（泵挂深度改变，调整静压）。投产后采液指数呈下降趋势（图9）。

4.3.2 存在问题

该井投产后采液指数呈持续下降趋势；尤其是在 2021 年 6 月份检泵后采液指数、产液量下降幅度较大，怀疑存在生产过程中的污染。2021 年 9 月酸化后，随着生产进行，产液、产油和流压均持续下降，分析认为生产过程中易产生微粒运移，不断累积、堵塞近井地带。

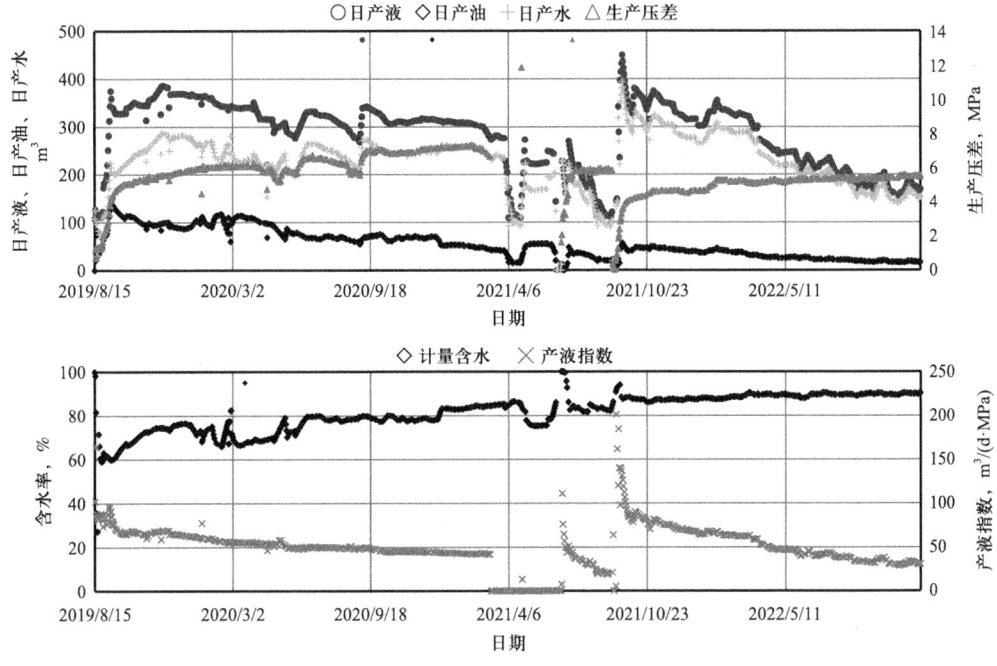

图 9 渤海 A 油田 × 井生产曲线

4.3.3 解堵思路

该井出砂量属于轻微出砂，结合储层特征及问题分析，化学解堵抑砂体系需具备以下性能要求：

（1）控制近井地带砂粒运移，防止砂粒运移至井筒。

（2）解堵抑砂作业时，需要抑制黏土膨胀。

（3）清洗剂清洗有机质伤害；有效降低原油黏度，改善其流动性。

采用柱状概念模型计算 BH-A-× 井解堵抑砂用量，根据解堵抑砂剂段塞作用，BH-A-× 井目前生产厚度 74.5m，解堵半径 0.8~1.0m，抑砂半径 1.5~2m。

4.3.4 效果分析

解堵抑砂一体化工艺成功实施后，该井产液量由 233.7m³/d 增加至 477.3m³/d，井底流压由 2.9MPa 增加至 6.7MPa，截至 2024 年 4 月，该井生产较平稳，未发现有明显出砂迹象（表 9）。

表 9 BH-A-× 井解堵前后效果统计表

解堵前生产数据			解堵后生产数据			目前生产数据			失效日期	有效期	累计增油 m³
日产液 m³/d	日产油 m³/d	流压 MPa	日产液 m³/d	日产油 m³/d	流压 MPa	日产液 m³/d	日产油 m³/d	流压 MPa			
233.7	21.5	2.9	477.3	41.0	6.7	265.72	25.84	2.56	一直有效	427	3989

5　总结和建议

（1）渤海 A 油田泥质含量高，速敏/水敏较强，整体呈易出砂特征。针对易出砂油井酸化措施有效期短且进一步加剧黏土矿物微粒运移的问题，分析了解堵抑砂原理，开展了解堵抑砂一体化工艺研究，得出螯合酸和抑砂剂可以满足解堵抑砂一体化工艺技术基本要求。

（2）通过室内实验，研究了解堵液的溶蚀性能、缓蚀性能和岩心驱替等，以及抑砂剂的抑砂性能。结果表明，螯合酸 4h 岩心粉溶蚀率为 9.06%，24h 总溶蚀为 19.73%；膨润土 24h 溶蚀率达 31.15%；螯合酸 4h 平均腐蚀速率为 $1.45g/(m^2 \cdot h)$，满足小于 $5g/(m^2 \cdot h)$ 的行业标准要求，具备长效缓速效果，现场反应可控程度高，有效降低储层酸化出砂风险。抑砂前低压水驱条件下，微粒运移严重，渗透率大幅下降；抑砂后，大幅提高压力排量，水驱渗透率趋于稳定，微粒运移趋于零；填砂管岩心流动实验表明，抑砂剂对 900 目石英砂有良好抑制作用，对岩心伤害低。

（3）解堵抑砂一体化工艺技术已在海上油田成功应用，增产效果明显，有效期长，应用效果良好。

参 考 文 献

[1] 张启龙，黄中伟，谭强，等.疏松砂岩压裂充填裂缝扩展与参数优化研究［J］.石油机械，2023，51（5）：67-75.
[2] 崔国亮，赛福拉·地力木拉提，刘全刚，等.渤海油田过筛管压裂井支撑剂与地层砂产出控制实验研究［J］.重庆科技学院学报（自然科学版），2023，25（2）：63-70.
[3] 张丽平，邹剑，李勇，等.疏松砂岩储层过筛管新型防砂管柱结构研究及应用［J］.钻采工艺，2023，46（2）：53-58.
[4] 程利民，周泓宇，吴绍伟，等.海上油田疏松砂岩储层解堵防砂联作工艺研究及应用［J］.新疆石油天然气，2020，16（3）：78-82.
[5] 吴绍伟，周泓宇，林科雄，等.海上油田微粒运移堵塞井解堵控砂一体化工作液体系［J］.钻井液与完井液，2021，38（3）：391-396.
[6] 王玮.砾石充填防砂井堵塞及排砂解堵机理模拟研究［D］.青岛：中国石油大学（华东），2021.
[7] 何滨，邹德昊，卢轶宽，等.螯合酸解堵在渤南低产低效井综合治理中的研究与应用［J］.海洋石油，2021，41（4）：37-42.

渤海某油田长期关停井储层伤害分析及对策应用

陈 旭 齐 帅 黄睿卿 崔 畅

（中海油能源发展股份有限公司工程技术分公司）

摘 要：渤海某油田因油气水分离系统改造需要，长时间关停全部油水井，复产后出现油井产能大幅度下降的现象，日减产原油137.4m³/d。为提高油田产能，实现上产的目的，文章结合油田储层物性特点，通过对长时间停产可能造成的储层伤害类型及原因进行分析，开发出针对无机垢和有机垢堵塞的修井工作液。两种工作液可分别实现对碳酸盐垢的溶垢率100%，重质稠油清洗率＞90%，且对原油破乳脱水无影响。应用结果显示，复产作业中实施的11井次化学增产措施取得了良好增油效果，整体产能恢复率达到145.5%，产油量较作业前增加118.9m³/d，有效解决了长期关停井产能下降的问题。

关键词：渤海油田；关停井；产能下降；储层伤害；增产措施

Analysis of Reservoir Damage and Application of Countermeasures in a Long Term Shut Down Well in Bohai Oilfield

Abstract: An oilfield in Bohai shut down all the oil and water wells for a long time due to the reconstruction of oil, gas and water separation system. After the restore production, the output of oil wells decreased severely, that with a crude oil reduction 137.4m³/d. In order to improve the productivity of the oilfield and achieve the purpose of production, the paper develops a workover fluid by combining the physical characteristics of the oilfield reservoir and analyzing the types and causes of reservoir damage caused by long-term shutdown, which aimed at solving the blockage of inorganic scale and organic scale. The two working fluids can achieve 100% scale dissolution rate of carbonate scale and more than 90% heavy oil cleaning rate, and have no impact on crude oil deemulsification. The application results show that the chemical stimulation treatment have achieved great effect of increasing oil, with the integral productivity recovery rate reaching 145.5%, and the oil production increased by 118.9m³/d, solve the problem of productivity decline in long term shut-down wells.

第一作者简介：陈旭，男，1987年出生，毕业于西南石油大学应用化学专业，资深工程师，从事修井作业中储层保护研究及应用工作。

Keywords: Bohai oilfield; shut down well; production decline; reservoir damage; stimulation treatment

渤海中南部海域某油田因原油地面处理流程改造问题，致使该油田油井全面关停生产近 12 个月，注水井也同期关停。该油田生产原油以稠油为主，产出液综合含水为 80.6%，产出水矿化度达 20000mg/L 以上。由于该油田稠油中沥青质含量为 16.0%~25.0%，油井关停时间过长，关停期间储层存在沥青质缓慢沉积风险。此外，产出液中含有高浓度的易结垢离子及作业过程中漏失的外来流体都会增加无机垢沉淀堵塞的风险，导致产能情况发生改变，面临复产后产油下降的问题。本文针对该油田长期关停井复产后影响产能恢复的潜在因素进行分析，并根据伤害类型采取不同的增产措施，对长时间关停油井高效复产形成一些初步认识。

1 伤害分析

1.1 储层岩性

该油田主力构造处在郯庐断裂带上，为一个在基底隆起带背景上发育起来的、受两组南北向走滑断层控制的断裂背斜。主要含油层系为馆陶组和明化镇组。馆陶组主要为辫状河沉积，明化镇组下段主要为曲流河沉积，地层为砂泥岩互层。储层孔隙发育，连通性好，具有中－高孔渗的储集特征。其岩性特征见表 1。

表 1 油田储层岩性特征

产层	孔隙度，%	渗透率，mD	储集特征
馆陶组	12.2~34.7	3.4~2200	中高孔渗
明化镇组	13.2~32.6	51~5900	

1.2 流体特征

该油田生产原油以稠油为主，具有黏度高、密度大、胶质含量高、凝固点低、含蜡量低、沥青含量低等特点，属于中质和重质稠油。油田产出液含水大部分为 50%~90%，水型为氯化镁型，其流体性质见表 2。

表 2 储层流体性质

项目	原油						水质	
	黏度（50℃）mPa·s	密度（20℃）kg/m³	含蜡量 %	沥青质 %	胶质 %	凝固点 ℃	水型	矿化度 mg/L
数值	300~2200	941.5~989.2	2.9~8.4	4.0~6.0	16.0~25.0	-34~-14	$MgCl_2$	>20000

由表2可知,该油田地层水矿化度高,具有一定自结垢风险,且该油田钻修井作业过程中使用过滤海水作为基液,大量的HCO_3^-离子进入地层水后,增加了混合结垢风险。

1.3 油井复产情况

该油田第一批次复产油井未采取储层保护措施,使用过滤海水循环清洗管柱后直接投产,第一批次共复产11井次,产油整体恢复率为70.6%,造成产油减产137.4m³/d。其复产前后生产情况见表3。

表3 油井复产前后生产情况统计

井号	停产前稳定生产情况		复产后稳定生产情况		生产流压变化		产油恢复率
	产液量 m³	产油量 m³	产液量 m³	产油量 m³	停产前 MPa	复产后 MPa	%
1	46.9	46.6	48.7	47.3	6.7	4.4	101.5
2	75.0	28.8	26.4	8.4	2.8	2.8	29.3
3	662.4	18.5	602.1	35.0	8.7	5.9	189.2
4	710.3	56.3	294.2	38.4	3.0	3.0	68.2
5	140.2	60.7	71.7	22.7	4.3	3.7	37.4
6	879.6	27.3	803.7	5.9	7.9	6.8	21.6
7	181.7	26.2	98.4	22.2	7.0	—	84.8
8	42.1	32.0	26.2	25.4	2.5	2.6	79.4
9	126.2	60.9	143.2	55.2	7.7	6.8	90.6
10	880.9	66.8	857.2	46.6	8.1	7.3	69.8
11	44.2	42.8	24.9	22.4	5.8	4.6	52.3
总计	3789.6	467.0	2996.7	329.6	—	—	70.6

从表3可以看出,11口井次中1#和3#两口井在复产后产油量得到提升,分析原因为该两口井停产前地层能力比较足,停产期间地层能量得到进一步恢复,复产后通过放大生产压差方式促进了油井快速恢复,油井产量得到提升。另一方面,11口井复产后流压普遍下降,造成9口井产油量下降,累计损失154.6m³/d,分析原因为近井地带存在无机结垢和有机垢沉积污染,导致油井复产后供液能力下降,流压降低。

1.4 原因分析

综上研究,该油田油井长期关停后,复产的11井次整体产能恢复率仅为70.6%,低

于预期产能恢复率。通过对已投产的油井进行储层伤害类型分析,总结该油田油井储层伤害因素,主要包括以下三点:

(1)无机结垢伤害:恢复效果不好的9口井中有7口井产出液含水均在50%以上,最高可达97.0%左右。根据水质分析,其产出液中含有Mg^{2+}、Ca^{2+}、HCO_3^-及CO_3^{2-}等易结垢离子,当油井停产时,产出液停止流动,在近井地带易产生结垢风险。

(2)有机垢沉积:恢复效果不好的9口井重组分(胶质和沥青质含量之和)含量均在20%以上,地面原油50℃黏度为200~600mPa·s,其中5口井重组分含量达到25.2%,由于油井长时间关停导致原油在近井地带无流动,使得关停井在近井地点存在有机垢沉积伤害。

(3)乳化及水锁伤害:恢复效果不好的$2^{\#}$、$5^{\#}$、$8^{\#}$及$9^{\#}$井产出液含水为20%~60%,4口井均存在一定的乳化伤害风险,加之5口井储层存在一定非均质性,使得油井复产后原油流动启动压力增大,出现投产后"见液不加油"及产液下降等情况。

2 对策研究

通过对复产后油井恢复效果及伤害原因分析,该油田储层伤害类型主要为无机结垢、有机垢沉积、水锁及乳化伤害。考虑到海上油田具有产出液到油水处理流程时间短和流程处理时间短等特点,在保障油气水处理流程稳定的前提下,开发出了不同类型修井液,以满足海上油田储层保护的要求。

2.1 无机垢清洗工作液

研究开发的无机垢清洗工作液主要以多元有机酸为主,具有反应速率温和、腐蚀速率低、不生成二次沉淀及流程配伍性良好等特点,该工作液可使用淡水、地热水或过滤海水配制,对该油田碳酸盐垢溶解率可达100.0%,反应后返排液无需特殊处理可直接进入油气水处理流程。表4为无机垢清洗工作液主要成分及作用。

表4 无机垢清洗工作液主要成分及作用

组分	含量,%	主要成分	作用
除垢剂	5.0~7.5	多元有机酸	溶解无机垢
阻垢剂	1.0~2.0	酸性螯合剂	螯合金属离子,防止二次沉淀
助排剂	1.0	非离子聚醚表面活性剂	降低无机垢工作液返排压力
缓蚀剂	1.0	硫脲、有机胺类缓蚀剂	降低腐蚀速率

为验证无机垢工作液对油气水处理流程影响,实验分别按照无机垢清洗工作液与垢样质量比为10:1、20:1和30:1,将无机垢清洗工作液与垢样混合(依次标记为$1^{\#}$、$2^{\#}$和$3^{\#}$),60℃反应16h后取上层反应后残液,按照3.0%加量加入至油水样中,空白样中加

入 3.0%的过滤海水,研究反应后残液对原油破乳脱水影响。表 5 为不同质量比无机垢清洗工作液对垢样的溶解情况。表 6 为反应后残液对原油破乳脱水影响情况。

表 5 不同质量比无机垢清洗工作液溶垢情况

编号	1#	2#	3#
反应后 pH 值	5.1	3.8	2.7
溶垢率,%	66.7	100	100

表 6 反应后残液对原油破乳脱水影响

油水样体积:80mL　　含水:40.0%　　破乳脱水温度:65℃　　破乳剂加量:200mg/L

时间,min	不同时间含水原油的破乳脱水量,mL			
	空白	1#	2#	3#
2	0	0	2.2	7.5
5	0	0	2.4	8.0
8	1.5	2.4	3.2	9.0
10	1.8	2.5	3.5	9.0
15	4.0	4.0	6.0	13.0
20	13.0	13.0	14.0	18.0
30	22.0	24.0	26.0	26.0
40	35.0	36.0	37.0	38.0

从表 5 和表 6 中可以看出:(1)反应后的残液不会对原油破乳脱水产生影响,这是因为反应后的残液呈酸性,酸性残液可以使油样中的部分石油酸盐变为石油酸,降低了油水样中天然表面活性剂的活性,促进了油水破乳脱水速率;(2)随着反应后残液 pH 值不断降低,原油破乳脱水速率明显增加。分析认为随着反应残液中酸浓度不断增加,油水样中天然表面活性剂活性下降更快,使得油水分离速率增加。综上,开发的无机垢清洗剂对碳酸盐类垢样具有良好的溶解效果,且反应后残酸进入流程后不会对原油破乳脱水产生影响。

2.2 稠油解堵工作液

该油田生产的原油主要为稠油,对于非均质储层和产出液含水在 60%以下的油井易产生水锁及乳化伤害,使得油井复产后启动压力增大,当生产压差放大到极限仍不能满足最低供应量时,就有可能导致油井存在停产风险。为了降低油井复产后启动压力,开发出稠油解堵工作液,该工作液可使用淡水、地热水或海水配制,具有低界面张力、降黏、油砂清洗效果好、腐蚀速率低及流程配伍性良好等特点,该工作液的性能如表 7 所示。

表7 稠油解堵工作液性能指标

项目	实测指标	性能指标
界面张力，mN/m	0.016	≤0.02
降黏率，%	96.9	≥95.0
工作液腐蚀速率，mm/a	0.0438	≤0.045
稠油油砂洗油率，%	91.6	≥85.0

3 应用情况

由于第一批次复产油井产能恢复效果未能达到预期，现场采取了两种增产工艺措施：一是针对已复产油井且具备产能提升的油井采取不动管柱解堵措施；二是对二期复产的油井在复产作业中实施动管柱解堵作业。表8为化学增产措施对长期关停井的增产效果。

表8 化学增产措施对长期关停井的增产效果

井号	作业类型	措施工作液	日产油量，m³		生产流压变化，MPa		产油恢复率，%
			作业前	作业后	作业前	作业后	
2	不动管柱解堵	无机垢清洗工作液	10.0	14.6	4.4	4.2	146.0
5		无机垢清洗工作液	21.8	31.8	3.7	4.2	145.7
8		稠油解堵工作液	21.8	31.0	8.7	5.9	142.3
11		稠油解堵工作液	24.3	28.1	4.6	4.8	115.6
12	动管柱解堵	稠油解堵工作液	21.2	57.2	4.1	4.8	269.8
13		无机垢清洗工作液	34.4	44.4	5.6	5.7	129.1
14		稠油解堵工作液	16.3	23.0	5.3	4.4	141.1
15		无机垢清洗工作液	49.7	78.2	3.6	4.1	157.3
16		无机垢清洗工作液	17.6	29.5	3.1	4.6	168.3
17		无机垢清洗工作液	23.4	17.1	2.5	3.9	73.1
18		稠油解堵工作液+无机垢清洗工作液	21.0	25.5	6.1	6.1	121.8
总计			261.5	380.4	—	—	145.5

从图1可知，现场对复产作业中实施的11井次化学增产措施取得了良好增油效果，整体产能恢复率达到145.5%，产油量较作业前增加118.9m³/d。从图2可以看出，部分油井产油量增加后流压也随之增加，表明原储层中存在堵塞，化学增产措施有效对储层进行

了解堵，疏通了原油流通通道。其中，对前期复产恢复效果较差但具有增产潜力的4口油井，采取了不动管柱解堵措施，均取得了良好的增油效果。措施作业表明，油井在长期关停期间虽然储层能量得到恢复，但关停期间产生的储层伤害大大降低了油井复产后的恢复效果；对后期复产的油井，在作业期间对储层伤害进行防治，不仅能提升油井产能恢复率，同时节约了作业时间和作业费用。

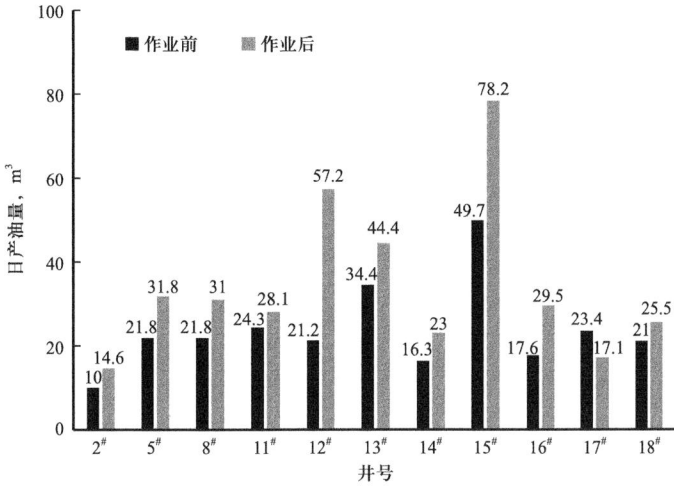

图1 长期关停井化学增产措施前后产油对比

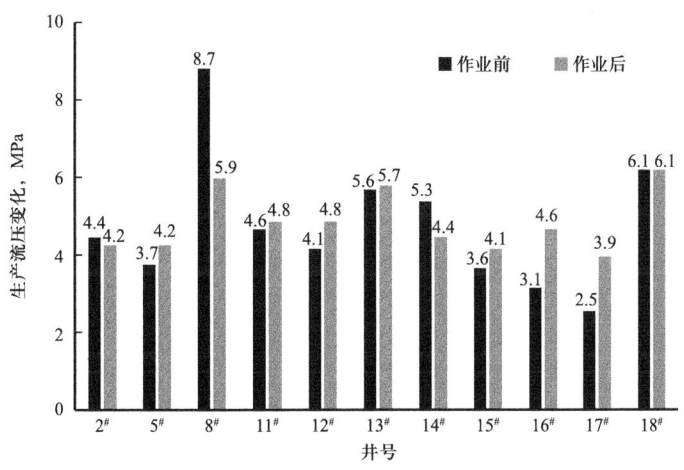

图2 长期关停井化学增产措施前后流压对比

4 结论及建议

通过对渤海某油田长期关停井复产效果分析，认为该油田油井在停产期间储层中产生了一定储层伤害，影响了油井复产后的产能恢复，通过采取适当的解堵措施，取得了良好

的增产效果,主要结论及建议如下:

(1)油井长期关停后,虽然地层能量得到恢复,但近井地带产生的储层伤害会对油井产能恢复产生较大影响。

(2)通过对长期关停井采取化学增产措施,可有效提升长期关停井的产能恢复效果,能较好地释放油井产能。为进一步提升作业效率和降低作业成本,建议在油井复产前采取化学增产措施。

参 考 文 献

[1] 蒲万芬. 油田开发过程中的沥青质沉积[J]. 西南石油学院学报, 1999, 21(4): 38-41.
[2] 高海铭. 稠油沥青质沉积堵塞机理与解堵方法研究[D]. 中国石油大学(北京), 2017.
[3] Hussein A. Asphaltene deposition in flow system[D]. Calgary: The University of Calgary, 2003.
[4] Cui K, Li C, Yao B, et al. Synthesis and evalution of an environment-friendly terpolymer $CaCO_3$ scale inhibitor for oilfield produced water with better salt and temperature resistance[J]. Journal of Application Ploymer Science, 2019, 137(37): 48460.
[5] 江松莲. QHD32-6油田明化镇组储层特征及伤害机理研究[D]. 成都:西南石油大学, 2019.

不同钻井液体系在某油田的应用

刘美玲 常 雷 李继丰 王伟东 马金龙

（大庆油田有限责任公司采油工艺研究院）

摘 要：某油田地质条件苛刻，地温梯度高，含酸性气体，储层裂缝发育，对钻井液体系性能提出更高要求。常用的满足施工条件的3种钻井液体系分别是：油基钻井液体系、深层水基钻井液体系、聚胺复合盐水基钻井液体系。对这3种钻井液体系性能进行分析，现场应用情况进行对比，做出钻井液技术评价，提出不同钻井液体系适合应用的地质条件，减少复杂情况的发生，缩短钻井周期，为某油田钻井液体系选择应用提供参考。

关键词：气井；钻井液；井漏；油基钻井液；水基钻井液

Application of Different Drilling Fluid Systems in a Certain Oilfield

Abstract: A certain oilfield has harsh geological conditions, high geothermal gradient, acidic gas content, and developed reservoir fractures, which pose higher requirements for the performance of drilling fluid systems. At present, the three commonly used drilling fluid systems that meet construction conditions in a certain oilfield are oil-based drilling fluid system, deep water-based drilling fluid system, and polyamine composite saltwater based drilling fluid system. Analyze the performance of these three drilling fluid systems, compare their on-site applications, evaluate drilling fluid technology, propose geological conditions suitable for different drilling fluid systems, reduce the occurrence of complex situations, shorten drilling cycles, and provide reference for the selection and application of drilling fluid systems in a certain oilfield.

Keywords: gas wells; drilling fluid; lost circulation; oil-based drilling fluid; water-based drilling fluid

某油田地质条件苛刻，储层埋藏深，天然裂缝发育，钻进过程容易发生漏失，井径不规则，影响钻井周期和固井质量，钻井液体系选择对该区钻井作业的效果影响重大，决定能否安全钻井和后续顺利施工。钻井液技术要求高、投资额度大、风险性强，钻井液经过多年不断改进完善提高，形成了3种钻井液体系，基本满足了某油田钻井施工需要，能够

第一作者简介：刘美玲，女，1984年出生，大庆油田有限责任公司采油工艺研究院，高级工程师，现主要从事钻井工程设计及科研工作。

保证其良好的携岩性能和润滑性，实现安全顺利完井。通过分析不同钻井液体系特点，针对不同地质条件选择适合的钻井液体系。

1 某油田地质特点

1.1 储层存在酸性气体

储层中富含二氧化碳（CO_2）伴生气，最高含量达 25.5% 以上，钻井液需要保持较高的 pH 值以应对二氧化碳污染。

1.2 地温梯度高

地温梯度一般为 3.8～4.2℃/100m，比国内其他油田地温梯度高出 1℃/100m 左右。实际单井井底温度达到 150℃以上，较高的井底温度对钻井液药品处理和性能维护提出了更高的要求。

1.3 营城组火山岩裂缝发育

储层天然裂缝比较发育，裂缝形态具有多样性，裂缝发育区往往在断层附近，钻井与完井时易发生漏失。受井身结构的限制，一个井段封隔不同压力层系，安全密度窗口窄，气层压稳与防漏矛盾突出。

2 钻井液体系特点

为保证钻井顺利施工，减少复杂事故，提高钻井效率，钻井液需要具有抑制井壁稳定性强、适应酸性环境、易维护易堵漏、耐高温和保护油气层等特点。

近几年来钻井液技术有较大的发展，目前三开使用的钻井液体系有油基钻井液、深层水基钻井液和聚胺复合盐水基钻井液。

2.1 油基钻井液体系

油基钻井液体系具有润滑性好、摩阻扭矩小、防塌性和抗温性能力强、钻井液重复利用率高和性能稳定等优点，有利于分支井、三维井及长水平段施工，能保证井径规则和固井质量；但是该钻井液体系废弃物处理费用高，油基防漏堵漏剂种类少，易漏区块发生严重井漏时，补充的钻井液成本较高，堵漏难度也比较大。油基钻井液体系配方如表 1 所示。

2.2 深层水基钻井液体系

深层水基钻井液体系具有抑制性较强、较好的防塌封堵能力、较好的抗温能力和携岩能力、环保、废弃物处理比较容易而且费用低等优点，在钻遇易漏区块时，水基防漏堵漏剂种类多，防漏能力较强，堵漏施工比较容易且成功率较高，补充的钻井液成本较低；但是如果井眼轨迹波动较大，摩阻扭矩偏大，不利于定向施工。深层水基钻井液体系配方如表2所示。

表1 油基钻井液体系配方表

材料名称	作用	材料名称	作用	材料名称	作用
主乳化剂	乳化剂	钻井液成膜剂	降滤失，封堵	超细碳酸钙	封堵
辅乳化剂	乳化剂	钻井液提黏剂	提高黏度	封堵剂	纳米封堵剂
油基降滤失剂	油基降滤失剂	氯化钙	配制钻井液水相	润湿剂	提高体系稳定性
氧化钙	提供碱值和钙离子	柴油	油基基液	重晶石粉	提高密度

表2 深层水基钻井液体系配方表

材料名称	作用	材料名称	作用	材料名称	作用
膨润土	配制基浆	超细碳酸钙	封堵	抑制剂	抑制剂
纯碱	除钙离子	环保油	润滑	磺化沥青	封堵防塌
氢氧化钾	提供pH值	消泡润滑剂	润滑	重晶石粉	提高密度
抗高温降滤失剂	降滤失	非渗透封堵剂	封堵防漏	高温降黏剂	降黏

2.3 聚胺复合盐水基钻井液体系

聚胺复合盐水基钻井液体系具有高效泥页岩抑制能力、良好的流变性、较低的固相含量、抗高温及抗污染能力高和体系稳定等优点，但是该体系在钻进过程中容易被二氧化碳污染，需要及时维护。聚胺复合盐水基钻井液体系配方如表3所示。

表3 聚胺复合盐水基钻井液体系配方表

材料名称	作用	材料名称	作用	材料名称	作用
氯化钠	抑制剂	高酸溶酚醛树脂	降失水剂	黄原胶	提黏剂
氯化钾	抑制剂	抗高温聚合物	降失水剂	聚阴离子纤维素	降失水剂
中分子聚合物	包被剂	磺酸盐共聚物	抗温降滤失剂	改性沥青	封堵防塌稳定剂
聚胺	抑制剂	碳酸钙	屏蔽暂堵剂	消泡剂	消泡剂
植物油基	润滑剂	均三嗪	杀菌剂	塑料合成小球	固体润滑剂

3 钻井液现场应用情况分析

油基钻井液体系、深层水基钻井液体系和聚胺复合盐水基钻井液体系常规性能参数均符合 Q/SY 02661《钻井液设计规范》中的要求。3 种钻井液体系主要性能参数如表 4 所示。从表 4 可以看出,深层水基钻井液体系抗温性略差,油基钻井液体系高温高压(HTHP)失水最小,性能稳定好,有利于井壁稳定和保护储层。

表 4 不同钻井液体系性能参数表

钻井液体系	抗温 ℃	HTHP 失水 mL	pH 值	含砂 %	滤饼 mm	润滑性
油基钻井液体系	180	5	9~11	<0.5	≤0.5	摩阻系数不大于 0.08
深层水基钻井液体系	160	12	8~11	<0.5	≤0.5	摩阻系数不大于 0.08
聚胺复合盐水基钻井液体系	180	12	8~11	<0.5	≤0.5	摩阻系数不大于 0.08

分析近 3 年不同钻井液体系在区块 1 现场施工效果:深层水基钻井液体系未在区块 1 现场施工,暂无数据;从表 5、图 1 可以看出,油基钻井液体系施工效果在机械钻速、钻井周期、井径扩大率、固井质量方面比聚胺复合盐水基钻井液体系施工效果好。

表 5 区块 1 不同钻井液体系现场施工效果表

钻井液体系	平均井深 m	井数	平均水平段长 m	平均机械钻速 m/h	平均钻井周期 d	平均井径扩大率 %	固井质量
油基钻井液体系	4492	2	1522	2.87	61	3.43	优质
聚胺复合盐水基钻井液体系	5137	2	1141	2.71	131	6.11	合格

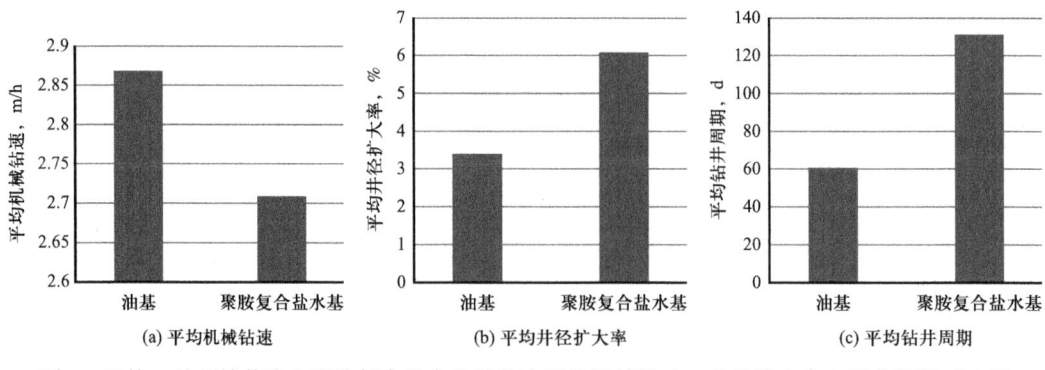

图 1 区块 1 油基钻井液和聚胺复合盐水基钻井液平均机械钻速、井径扩大率和钻井周期对比图

分析近 3 年不同钻井液体系在区块 2 现场施工效果:油基钻井液体系在区块 2 没有现场施工,暂无数据;从表 6、图 2 可以看出,聚胺复合盐水基钻井液体系施工效

果在机械钻速、钻井周期、井径扩大率、固井质量方面比深层水基钻井液体系施工效果好。

表6 区块2不同钻井液体系现场施工效果表

钻井液体系	平均井深 m	井口数	平均水平段长 m	平均机械钻速 m/h	平均钻井周期 d	平均井径扩大率 %	固井质量
深层水基钻井液体系	4748	3	985	2.28	136	6.98	合格
聚胺复合盐水基钻井液体系	4807	4	1125	2.77	83	3.26	合格

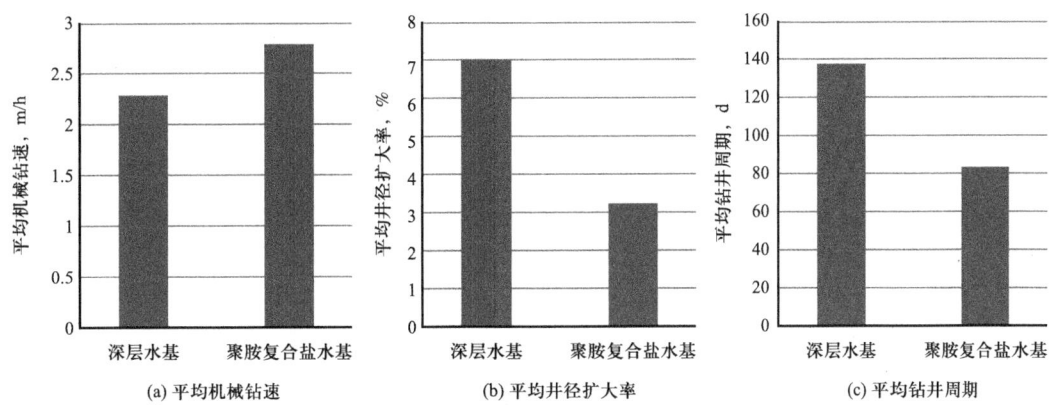

图2 区块2深层水基钻井液和聚胺复合盐水基钻井液平均机械钻速、井径扩大率和钻井周期对比图

4 钻井液应用效果评价

4.1 技术评价

结合某油田所用钻井液体系应用效果及其现场技术，3种钻井液体系均满足钻井施工要求。从表7可以看出，在裂缝发育、容易发生漏失的井段，以及堵漏方面，深层水基钻井液比油基钻井液更有优势。具体评价如表8所示。

表7 漏失处理情况表

钻井液体系	漏失比例，%	处理方法	效果
油基钻井液体系	25	根据漏速和漏失情况，选用合适的堵漏剂，采取随钻堵漏和静止堵漏相结合的方式，进入气层前加超细碳酸钙，漏失严重选择承压堵漏	多次堵漏成功
深层水基钻井液体系	13		一次堵漏成功
聚胺复合盐水基钻井液体系	50		一次堵漏成功

表 8 钻井液技术评价表

体系名称	优势	缺点	适应井型
油基钻井液体系	抑制性和防塌能力强；润滑性好，摩阻扭矩小；保护储层	废弃物处理费用高，堵漏成本高	高温井、长水平段水平井，裂缝不发育、漏失不严重的地层
深层水基钻井液体系	废弃物处理费用低	摩阻扭矩偏大，不利定向施工	直井、定向井、轨迹不复杂的常规水平井、页岩不发育的地层
聚胺复合盐水基钻井液体系	配伍性良好，适应性强	二氧化碳污染	直井、定向井、水平井

4.2 复杂情况评价

在某油田钻井过程中出现井壁剥落掉块、井径不规则，主要原因一方面是钻井液密度偏低，另一面是抑制封堵性能需要加强。通过提高钻井液密度，增加封堵剂用量，3 种钻井液体系都能够有效预防。

在某油田钻井过程中多次发生井漏，主要原因是目的层火成岩裂缝发育，承压能力差，新开启的地层裂缝暴露出来后，在井筒压力差的作用下，钻井液迅速向裂缝中渗透引起井漏，3 种钻井液体系分别制订了防漏及堵漏措施。深层水基钻井液体系和聚胺复合盐水基钻井液体系都能堵漏一次成功，油基钻井液体系堵漏材料品种少，堵漏成本高。

5 结论

（1）对于地层裂缝发育、漏失严重的区域，建议采用聚胺复合盐水基钻井液体系，可有效发挥防漏堵漏优势，利于提速降本。

（2）对于三维长水平段水平井，建议采用油基钻井液体系，可有效降低摩阻，利于减少井下复杂情况，提高施工效率。

（3）建议进一步完善深层水基钻井液体系配方优化，提升钻井液抗黏土侵能力，加强钻井液抗高温的室内研究，适时开展现场试验。

（4）建议加强钻井液老浆重复利用研究与应用，提升老浆重复利用率，有助于减少废弃钻井液的排放，进一步降低综合成本。

参 考 文 献

[1] 钱志伟，鲁政权，白洪胜，等.油基钻井液防漏堵漏技术［J］.大庆石油地质与开发，2017，36（6）：102-103.

[2] 侯泱志.油包水钻井液复杂情况处理技术研究［J］.西部探矿工程，2020（6）：61-63.

[3] 王镇.大庆油田油基钻井液处理系统研究与应用［J］.西部探矿工程，2020（5）：55-57.

[4] 王明智.欠平衡油基钻井液在天然气深井井控中的应用［J］.西部探矿工程，2020（7）：91-93.

［5］周大宇.油基钻井液维护处理技术研究［J］.西部探矿工程，2020（6）：87-89.
［6］王连喜.大庆徐深气田防漏技术研究与应用［J］.西部探矿工程，2019（3）：32-34.
［7］袁锦彪，杨亚少，常旭轩，等.页岩气油基钻井液堵漏技术及其在长宁区块应用［J］.钻采工艺，2020，43（4）：133-136.

环保型高效润滑剂的研制与应用

王晓军[1]　许　佳[2]　杨汉华[3]　鄂晓春[3]　李　刚[4]
鲁政权[1]　任　艳[1]　戴运才[1]　袁　伟[1]

（1. 中国石油长城钻探工程有限公司工程技术研究院；2. 中国石油长城钻探工程有限公司固井公司；3. 中国石油长城钻探工程有限公司钻井二公司；4. 中国石油长城钻探工程有限公司钻井液公司）

摘　要：针对常规润滑剂特殊工况下减摩降阻性能不足导致的定向托压、起下钻困难、粘卡和完井管串无法顺利下入等难题，通过植物油环氧化改性，并引入极压抗磨剂组分，制备了环保型高效润滑剂。对该润滑剂的结构进行了表征，并对其性能进行了评价。结果表明，润滑剂分子结构中含有大量的强吸附基团和长链烷基，能够牢牢吸附在钻具和井壁表面；抗温性能 200℃ 以上，四球摩擦系数降低率达 52.2%，钢球磨斑直径缩短了 43.6%，在金属表面形成润滑膜厚度 100nm 以上，半数效应浓度 100000mg/L 以上，重金属含量远远低于排放标准。现场应用表明：环保型高效润滑剂凭借着优异的油膜强度适用于小井眼侧钻井、深层大井眼定向井和长水平段水平井等复杂结构井。

关键词：润滑剂；分子结构；吸附基团；摩擦系数；无毒环保

Development and Application of Environmentally Friendly and Efficient Lubricant

Abstract: To solove the difficulties caused by insufficient friction reduction under special working conditions of conventional lubricants, such as directional support pressure, difficulty in tripping, sticking, and difficulty in completing well string, an environmentally friendly and efficient lubricant was prepared by modifying with vegetable oil and introducing extreme pressure anti-wear agent components. The structure of the lubricant was characterized and its performance was evaluated. The results show that the molecular structure of lubricants contains a large number of strong adsorption groups and long-chain alkyl groups, which can firmly adsorb on drilling tools and wellbore surfaces wetted with water.The temperature resistance is close to 200℃, the friction coefficient of the four balls is reduced by 52.2%, the diameter of the steel ball wear spot is shortened by 43.6%, and a lubricating film of over 100nm can be formed on the metal surface. The effective concentration at half concentration is over 100000mg/L, and the heavy metal content is far below the emission standard. Applications have shown that environmentally friendly and efficient lubricants, with their excellent oil film strength, can be applied to complex structured wells such as small wellbore side drilling, deep large wellbore directional wells, and long horizontal sections of horizontal wells.

Keywords: lubricant; molecular structure; adsorption groups; friction coefficient; non toxic and environmentally friendly

随着油气勘探开发的不断深入，深井超深井、长水平段水平井、大位移定向井、短半径/超短半径水平井等复杂结构井逐年增多，施工时钻具与井壁接触面积明显增大，摩阻和扭矩较高，引发定向托压、起下钻困难、粘卡和完井管串无法顺利下入到底等诸多难题，对钻井液在高温、极压状态下的抗磨减阻性能提出了更高要求。而现有润滑剂存在着极压抗磨效果不理想、荧光级别高、环保处理难度大、抗温性能差和起泡严重等诸多问题，导致使用范围受限、重复添加且成本过高，无法满足高效钻完井和降本增效的要求。针对上述问题，研发了一种具有优良的吸附性、高温稳定性和极压抗磨能力，且无毒环保的高效润滑剂，在对其结构表征的基础上进行了性能评价，并通过现场试验进行了验证。

1 实验

1.1 实验材料与仪器

豆油，工业级，中储粮油脂有限公司；双氧水，分析纯，茂名市雄大化工有限公司；甲酸，分析纯，湖北成丰化工有限公司；氨基乙酸，分析纯，茂名市雄大化工有限公司；乙酸酐，分析纯，南京化学试剂股份有限公司；三硫化钼，工业级，山东昌耀新材料有限公司；十二烷基苯磺酸钠，分析纯，广东翁江化学试剂有限公司；石油醚，分析纯，东莞市勋业化学试剂有限公司；无水乙醇，分析纯，南京化学试剂股份有限公司；1# 润滑剂，美国倚科能源有限公司缔合型钻井液用润滑剂DFL；2# 润滑剂，长城钻探工程有限公司工程技术研究院GW-ELUB。

JJ1A 增力电动搅拌器，上海科兴仪器有限公司；HZ-9912S 水浴振荡器，常州市凯航仪器有限公司；Thermo Scientific Nicolet iS 10 型红外光谱仪，赛默飞分子光谱仪器；Bruker AVANCE Ⅲ 400MHz 核磁共振波谱仪，布鲁克（北京）科技有限公司；NETZSCH STA 449F5 型热重测试仪，青岛启翔仪器设备有限公司；MRS-1J 四球摩擦试验机，济南竟成测试技术有限公司；K-Alpha 型 X 射线光电子能谱仪，赛默飞分子光谱仪器；JC2000D 接触角测量仪，北京奥德利诺仪器有限公司；OFITE 型高温滚子加热炉，奥莱博（武汉）科技有限公司。

1.2 实验方法

1.2.1 环保型高效润滑剂的制备

使等摩尔比的大豆油与双氧水在甲酸催化下进行环氧化反应，生成环氧化大豆油，在乙酸存在的条件下，使等摩尔比的环氧化大豆油与乙酸酐在64℃下进行开环反应，得到改性大豆油；将改性大豆油置于容器内部搅拌加热至48℃，边搅拌边向容器内部加入粒度为50nm的三硫化钼，搅拌均匀；继续向容器内部加入十二烷基苯磺酸钠，并升温至53℃，持续搅拌30min，得到环保型高效润滑剂GW-ELUB；其中，改性大豆油与三硫化钼的质量比为1：0.05，三硫化钼与十二烷基苯磺酸钠的质量比为1：0.3。

1.2.2 环保型高效润滑剂的分子结构测试

1. 傅里叶红外光谱测试

利用Nicolet iS 10型红外光谱仪，将少量环保型高效润滑剂置于金刚石ATR模块中，设定仪器参数如下：波数范围400～4000cm^{-1}，扫描次数32次，分辨率4cm^{-1}，测定环保型高效润滑剂的红外光谱图。

2. 核磁共振波谱测试

采用Bruker AVANCE Ⅲ 400MHz核磁共振波谱仪，将少量环保型高效润滑剂置入核磁管中，测定其核磁氢谱，其中DMSO作为样品溶剂，测试磁场为400MHz，谱图类型为一维谱。

1.2.3 环保型高效润滑剂的性能测试

1. 热重分析测试

采用NETZSCH STA 449F5型热重测试仪测定环保型高效润滑剂的抗温性能，将少量环保型高效润滑剂置于铝坩埚中，测量其质量随温度的变化，考察润滑剂的热稳定性，测试条件为N_2氛围，设定测试温度范围为30～600℃，升温速度为10℃/min。

2. 四球摩擦系数测试

采用MRS-1J四球摩擦试验机测定不同试验浆的四球摩擦系数，摩擦钢球选择二级轴承钢球，直径12.7mm，GCr15材质。摩擦方式为圆周运动，摩擦时间为30min，摩擦速率为300r/min，施加力固定为300N，摩擦行程为40mm。

3. 磨斑直径测试

四球摩擦测试结束后，利用石油醚和无水乙醇超声清洗钢球，去除钢球磨斑表面残留的润滑剂和黏土矿物，自然干燥后对钢球磨斑进行拍照，利用磨斑直径来表征其抗磨损性能。

4. 润滑膜厚度测试

采用K-Alpha型X射线光电子能谱仪测定试验浆的润滑膜厚度，将磨损钢球的磨损面作为测试面，测试类型为氩离子刻蚀/溅射，每次刻蚀深度20nm，共刻蚀5次，采谱6

次，利用常规精细谱模式设定测试元素的轨道，通过分析主要元素的原子含量来测定润滑膜厚度。

5.接触角测试

为考察润滑剂在金属表面的吸附性，将润滑剂溶液滴至钢片表面，自然风干后测试钢片润湿性变化；为考察润滑剂在滤饼表面的吸附性，将制备的润滑剂/膨润土悬浮液滴至载玻片表面，自然风干后测试滤饼润湿性变化。润湿性试验采用JC2000D接触角测量仪，利用悬滴法测试，拍照记录润湿性照片，采用内置软件计算接触角大小，润湿角测量范围：0°～180°。

2 环保型高效润滑剂的分子结构测试

2.1 傅里叶红外光谱测试

环保型高效润滑剂的红外光谱如图1所示，3438cm^{-1}处的宽峰为—OH的伸缩振动吸收峰；2924cm^{-1}和2854cm^{-1}是—CH$_3$和—CH$_2$的C—H伸缩振动吸收峰；1591cm^{-1}和1743cm^{-1}为酯键羰基的—C=O伸缩振动吸收峰；1436cm^{-1}和1351cm^{-1}是烷基C—H弯曲振动吸收峰；1161cm^{-1}为饱和脂肪族中酯的C—O伸缩振动吸收峰；724cm^{-1}为C—H面内摇摆振动吸收峰。因此，推测环保型高效润滑剂分子结构中含有羟基、烷基、酯基等官能团，与设计分子结构相符。

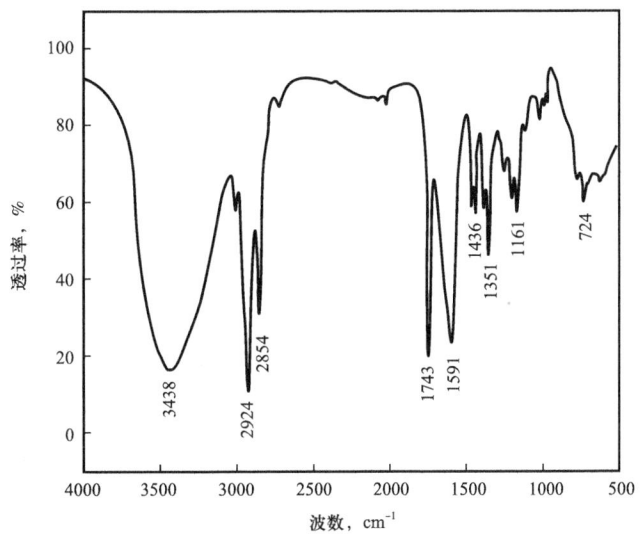

图1 环保型高效润滑剂的红外光谱图

2.2 核磁共振波谱测试

环保型高效润滑剂的核磁氢谱图（图2）中，δ=0.81～0.86ppm为润滑剂中—CH$_3$的特征信号，$\delta=1.27\sim1.30$ppm 为润滑剂中—CH_2 的特征信号，$\delta=1.94\sim2.28$ppm 为润滑剂中—CH_2—CH=CH—CH_2—的特征信号，$\delta=3.30\sim3.49$ppm 为润滑剂中—CH_2—OH 的特征信号，$\delta=4.21$ppm 为润滑剂中—CH_2—COO—的特征信号，进一步说明环保型高效润滑剂分子结构含有烷基、羟基、酯基等官能团。

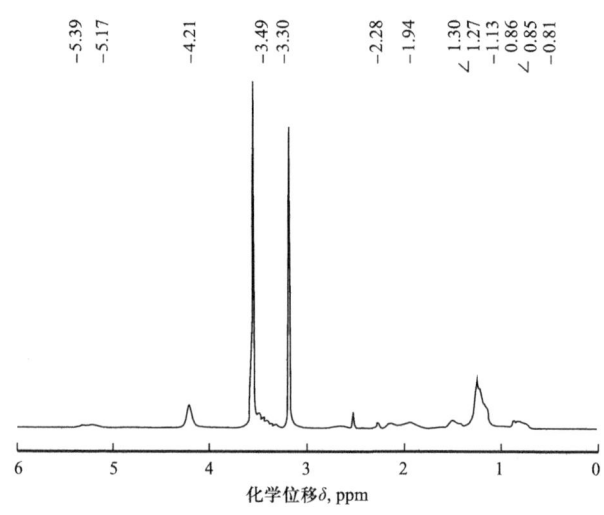

图 2　环保型高效润滑剂的核磁氢谱图

3 环保型高效润滑剂的性能测试

3.1 抗温性能测试

环保型高效润滑剂的热失重曲线如图 3 所示，室温至 120℃的热失重为 1.87%，归因于溶剂的热蒸发；温度接近 200℃时润滑剂开始发生热分解，失重率也仅仅为 10.96%；297℃后润滑剂的质量基本趋于稳定，润滑剂含量保持在 56.80% 左右。由此可见，所测环保型高效润滑剂具有较好的热稳定性，200℃以下聚合物骨架结构不会发生热分解。

3.2 抗磨性能测定

不同试验浆的四球摩擦系数测定结果如图 4 所示，基浆在前 5s 测试过程中，四球摩擦系数上升迅速，平均摩擦系数为 0.23。基浆中分别加入 3% 1# 和 2# 润滑剂后，四球摩擦系数的上升幅度均显著减小，平均摩擦系数分别降低至 0.13、0.11，且随着时间推移，摩擦系数基本保持稳定，说明自主研发的环保型高效润滑剂的极压润滑性能略优于国外产品 DFL。

四球摩擦钢球的磨斑直径如图 5 所示，对比四球摩擦系数的测试结果可以看出，四球摩擦系数越大，对应的磨斑直径越大。其中 4% 基浆的钢球磨斑直径达 0.78mm，加入润滑剂后钢球磨斑直径分别降低至 0.49mm 和 0.44mm。说明自主研发的环保型高效润滑剂和国外产品 DFL 在抗磨损方面性能相当。

3.3 润滑膜厚度测试

从碳元素含量随扫描深度变化图（图6）中可以看出，在100nm深度范围内，基浆与钢球表面作用后，除表层碳元素外，碳元素含量均在5%以下。基浆中分别加入1#和2#润滑剂后，金属表面至100nm内均具有较高的碳元素含量，100nm处的碳元素含量分别为92%、94%，说明基浆未在钢球表面形成明显的润滑膜，而环保型高效润滑剂和国外产品DFL在钢球表面形成的润滑膜厚度均在100nm以上。

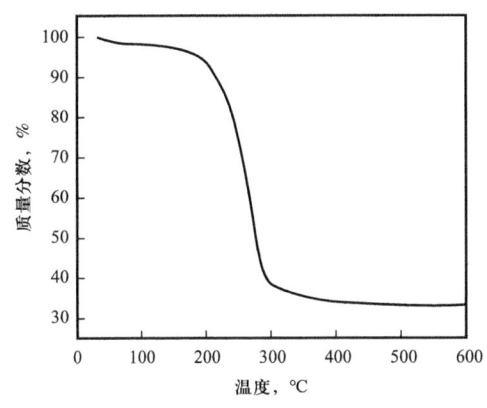

图3 环保型高效润滑剂的热失重曲线

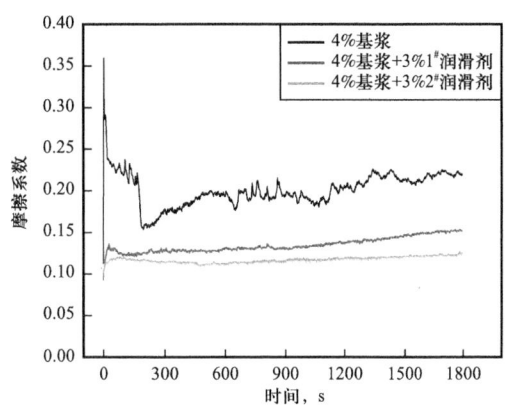

图4 不同试验浆的四球摩擦系数

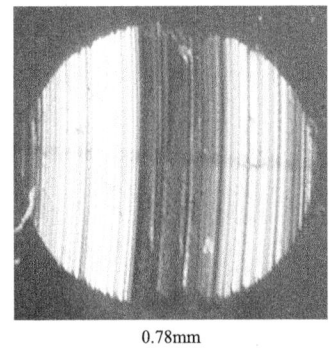

(a) 4%基浆 0.78mm

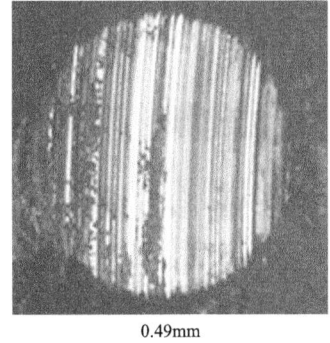

(b) 4%基浆+3% 1#润滑剂 0.49mm

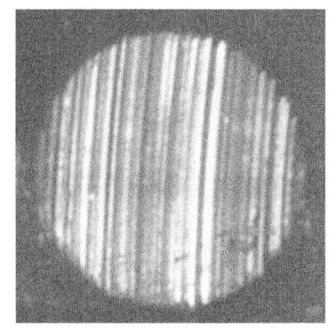

(c) 4%基浆+3% 2#润滑剂 0.44mm

图5 四球摩擦钢球的磨斑图

铁元素含量随扫描深度变化如图7所示，在100nm深度范围内，随着深度增加，基浆对应的钢球铁元素含量快速上升，最终含量高达95%。基浆中分别加入1#和2#润滑剂后，铁元素含量基本为0，铁元素深剖分析进一步证实环保型高效润滑剂和国外产品DFL在钢球表面均可形成100nm以上润滑膜。环保型高效润滑剂分子结构上具有酯基、羟基强吸附基团，能够牢牢吸附在表面为水润湿的钻具表面，朝外延展的烷烃基形成致密的吸附油膜。

3.4 接触角测试

将润滑剂/膨润土悬浮液均匀地涂抹在干净的载玻片上,室温下自然风干形成泥饼。使用去离子水对三种泥饼进行接触角测试,实验结果如图 8 所示。去离子水在泥饼表面的接触角为 20.89°,展现出较强的亲水性,加入润滑剂后,泥饼表面的接触角分别增加至 52.27°和 54.21°,主要归因于润滑剂中的烷基等疏水基团在泥饼表面的吸附,使其疏水性增强,进一步说明润滑剂在泥饼表面具有较强的吸附性,在井壁表面形成的油膜有利于降低摩阻和扭矩。

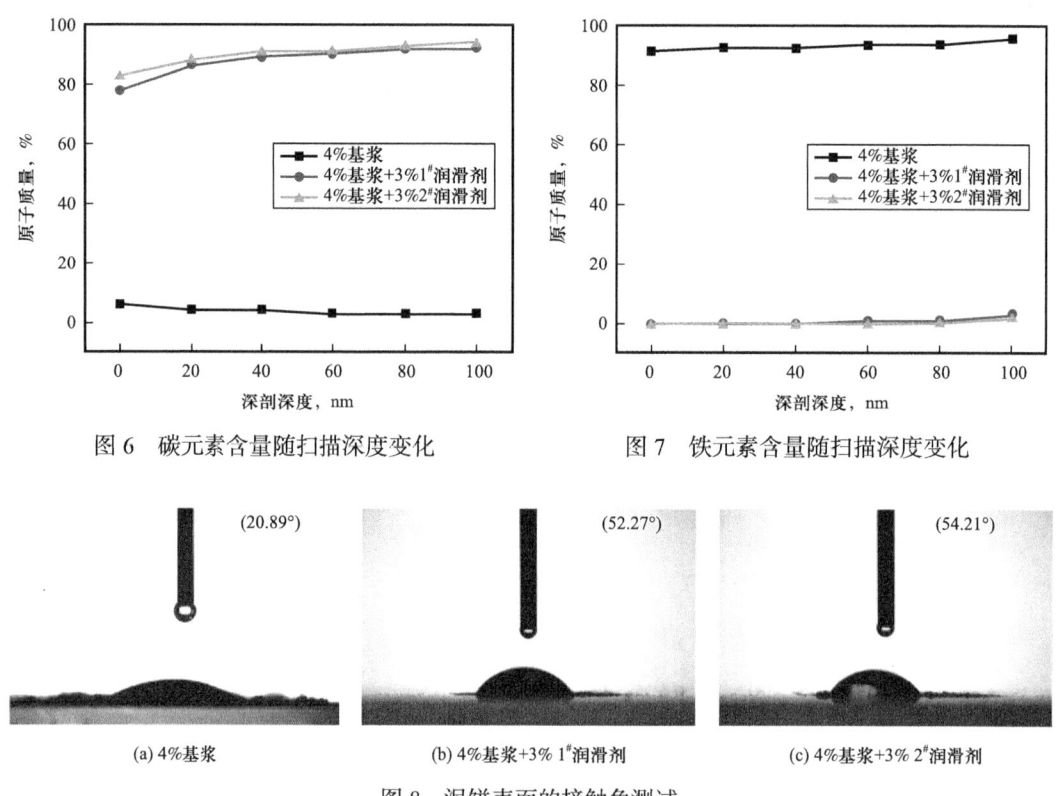

图 6 碳元素含量随扫描深度变化　　　　图 7 铁元素含量随扫描深度变化

图 8 泥饼表面的接触角测试

3.5 环保性能测试

委托广东省微生物分析检测中心测定了环保型高效润滑剂的化学毒性、生物毒性和生物降解性,结果见表 1。

表 1 环保型高效润滑剂的环保性能参数

测试对象	总铬 mg/kg	总镍 mg/kg	总铜 mg/kg	总锌 mg/kg	总铅 mg/kg	总镉 mg/kg	总砷 mg/kg	总汞 mg/kg	EC_{50} mg/L	BOD_5/COD_{Cr}
GW-ELUB	14	<3	<1	2	<10	<0.01	<0.01	<0.002	>100000	0.46
规定值	≤1000	≤200	≤1500	≤3000	≤1000	≤15	≤75	≤15	≥30000	≥0.1

注:EC_{50} 为急性生物毒性值;BOD_5/COD_{Cr} 为可生物降解性指数;BOD_5 为 5d 生物耗氧量;COD_{Cr} 为化学耗氧量。

由表 1 可知，研发的环保型高效润滑剂其重金属含量、生物降解性和生物毒性完全满足国家相关环保标准要求。

4 现场应用

环保型高效润滑剂 GW-ELUB 在辽河油田、吉林油田、长庆油田累计应用二百余井次。现场应用中与钻井液配伍性良好，润滑性能优异，起出钻头表面清洁，极大地缓解了定向托压严重带来的机械钻速慢、粘卡风险高及软泥岩钻头泥包等技术难题。下面三个案例能够充分说明环保型高效润滑剂在不同井型中均具有良好的减摩降阻效果。

4.1 在连续油管侧钻井中的应用

环保型高效润滑剂在辽河油田 4 口连续油管侧钻井现场试验中应用效果良好。其中，Q22-17C 井井身轨迹为增-稳-降-直 4 段制，创下了国内连续油管侧钻井完钻井深最深 1759m 新纪录；J2-9-303CH 井是国内第一口连续油管侧钻水平井，创下了连续油管侧钻井最长裸眼段 802m、最长水平段 123m、最大井斜角 90.11°和最大水平位移 414.5m 多项国内纪录。

4.2 在长裸眼水平井中的应用

SH××-36H3 井从 600m 开始定向，增斜至 15°后稳斜至 2366m，从 2366m 至 A 点 2999m 增斜增方位，水平段 4100m 之前要求井斜控制在 89.8°±0.2°钻进，4100m 之后要求井斜控制在 90°平推，水平段长 1500m，定向工作量繁重，井眼轨迹控制难度大。环保型高效润滑剂凭借着优异的润滑减阻性能，确保全井段施工中上提附加拉力均在 10t 以内，定向过程中无托压现象，水平段仅用两趟钻，二开造斜段机械钻速 10.8m/h，三开水平段机械钻速 11.08m/h，比邻井分别提高了 36.7%和 33.5%，两项指标均创同区块最快纪录。

4.3 在深层大井眼定向井中的应用

RT-1×× 井采用大三开井身结构，二开井眼尺寸 311.1mm，从 2500m 开始定向，由于地层倾角原因，复合钻进掉井斜严重，定向工作量繁重。ϕ311.1mm 大井眼深层定向托压问题普遍存在，严重影响机械钻速的提升。邻井沈 307 井 1238～3709m 共计七趟钻，纯钻进时间 391.1h，平均机械钻速 6.3m/h；本井 1206～3885m 只用了三趟钻，纯钻进时间 154h，平均机械钻速 18.56m/h，机械钻速提高了近 3 倍，钻井综合成本明显降低。

5 结论

（1）通过对植物油进行改性，同时复配极压抗磨剂和分散剂等环境友好型组分，研制出新型环保型高效润滑剂 GW-ELUB。

（2）环保型高效润滑剂具有优良的吸附性、高温稳定性和极压抗磨能力，且无毒环保，其性能优于国外同类产品。

（3）环保型高效润滑剂能够有效缓解小井眼侧钻井、长裸眼段水平井和深层大井眼定向井中由于钻井液润滑性能不足引发的定向托压难题。

参 考 文 献

［1］屈沅治，黄宏军，汪波，等.新型水基钻井液用极压抗磨润滑剂的研制［J］.钻井液与完井液，2018，35（1）：34-37.

［2］王晓军.一种润滑剂及其制备方法：CN202011194706.8［P］.2023-04-25.

［3］American Petroleum Institute.Recommended practice standard procedure for laboratory testing drilling fluids［M］.NewYork：Production Dept.of American Petroleum Institute，1990.

［4］GB/T 15618—1995　土壤环境质量标准［S］.

［5］GB/T 15441—1995　水质　急性毒性的测定　发光细菌法［S］.

［6］中国土壤学会农业化学专业委员会.土壤农业化学常规分析方法［M］.北京：科学出版社，1983：55-108.

白油基钻井液对储层含油性评价的影响及校正方法研究

徐 哲[1,2] 王拓夫[3] 倪有利[1,2] 陈 曦[1,2] 马铭择[1,2] 郭 淳[1,2]

（1.中国石油天然气集团有限公司录井技术研发中心；2.中国石油集团长城钻探工程有限公司录井公司；3.中国石油集团辽河油田公司勘探事业部）

摘 要：油基钻井液主要采用白油作为油基，具有超强的井壁稳定性和抗温能力，辽河油田页岩油的钻探主要在白油基钻井液条件下进行。白油对以岩屑、岩心为分析对象的地化录井参数 S_1 值影响较大，使其无法真实反映储层的含油性变化特征，严重影响储层的含油性评价。针对这一难题，通过分析钻井液加入白油后对地化录井的影响，将地化录井中岩石热解与热解气相色谱两项技术相互结合形成优势互补，通过 Pearson 函数关联分析和岩石热解气相色谱峰面积拟合方法，对岩石热解参数的价值进行深入挖掘，建立了一套适用于白油基钻井液条件下的储层含油性评价方法，为白油基钻井液条件下的真假油气显示识别和更好的评价油气层提供了科学依据。

关键词：白油基钻井液；含油性评价；地化录井；参数校正

Research on the Influence and Correction Method of White Oil-based Drilling Fluid on Reservoir Oil Content Evaluation

Abstract: Oil based drilling fluid mainly uses white oil as the oil base, which has strong wellbore stability and temperature resistance. The drilling of shale oil in Liaohe Oilfield is mainly carried out under the conditions of white oil based drilling fluid. White oil has a significant impact on the S_1 value of geochemical logging parameters based on rock cuttings and cores, making it unable to accurately reflect the changes in oil content of the reservoir, seriously affecting the evaluation of oil content in the reservoir. In response to this challenge, by analyzing the impact of adding white oil to drilling fluid on geochemical logging, the two technologies of rock pyrolysis and pyrolysis gas chromatography in geochemical logging are combined to form complementary advantages. Through Pearson function correlation analysis and chromatographic morphology fitting methods, the value of rock pyrolysis parameters is deeply explored, and a set of reservoir oil content evaluation methods suitable for white oil-based drilling fluid conditions is established. This provides a scientific basis for identifying true and false oil and gas displays and better evaluating oil and gas reservoirs under white oil-based drilling fluid conditions.

Keywords: white oil-based drilling fluid ; oil content evaluation ; geochemical logging ; parameter correction

1 引言

随着勘探开发的持续深入，油基钻井液以其良好的润滑性、抑制性，在稳定井壁、抑制地层水敏膨胀及快速钻进等方面有独特优势，在越来越多的高难度钻井中被采用。油基钻井液中的油基种类多种多样，辽河油田页岩油的钻探主要在白油作为油基的钻井液条件下进行。白油基钻井液具有超强的井壁稳定性和抗温能力，能有效解决泥岩、页岩造成的井壁失稳、起下钻划眼、遇阻频繁等问题。地化录井技术是储层最主要的含油性评价录井技术，然而白油基钻井液不但对常规录井中岩屑清洗、荧光识别、气测录井等具有一定的干扰，造成真假显示区分困难，也会对地化录井技术的储层岩石热解分析结果产生一定影响，尤其是以岩屑、岩心为分析对象的岩石热解参数 S_1 值，受白油基钻井液的污染，导致关键评价参数严重失真，无法真实反映储层的含油性变化特征，给储层的含油性评价带来较大挑战。

本文以辽河油区页岩油储层为例，针对白油基钻井液污染导致的含油性评价困难这一难题，开展地化录井技术响应特征研究，对岩石热解 S_1 值进行校正。通过研究发现，地化录井的岩石热解气相色谱图峰面积与 S_1 值之间具有较好的相关性，在此基础上利用 Pearson 函数相关性分析进行参数优选，建立白油基钻井液条件下储层含油性校正模型，提高油气层识别与含油性评价的时效性和准确性，同时也提高了录井综合解释的精度，为油田高效勘探开发、施工决策及试油选层提供了有力的技术支撑。

2 白油基钻井液对地化录井技术的影响

通过对研究区水基钻井液和白油基钻井液条件下 S_0、S_1、S_2、P_g 等岩石热解参数对比发现，在白油基钻井液环境下，储层岩石热解分析 S_0 值相对水基钻井液环境有所增加，但由于影响因素多，规律性不明显；S_1 值在白油基钻井液环境下明显高于水基钻井液条件下 S_1 值，其升高幅度受储层物性、含油气性、钻井液与地层压差、岩屑浸泡时间、岩屑污染程度等多种因素影响；S_2 值在白油基钻井液和水基钻井液环境下表现出无规律变化的特征；P_g 值由于受 S_1 值影响，也大幅度增大。

在水基钻井液条件下，各储层热解色谱分析数据中主峰碳分布范围较广，在 $C_{10}\sim C_{33}$ 的烃类组分均有分布；在白油基钻井液条件下，白油的主要成分为 $C_{12}\sim C_{20}$ 的烃类组分。

通过开展大量的岩石热解实验分析，认为在井筒高温条件下，白油具有极高 S_1 值的特征；通过岩石热解气相色谱响应特征进行分析，认为白油的岩石热解气相色谱图呈现前峰隆起型特征，对 $C_{10}\sim C_{20}$ 的饱和烃组分影响很大，对 C_{20} 以后的饱和烃组分基本无影响，即白油仅对 S_1 有影响（表1、图1、图2）。

表1 岩石热解参数对应碳数范围

烃类相态	气态烃	液态烃	裂解烃	残余烃
参数名称	S_0	S_1	S_2	S_4
参数范围	$C_1\sim C_7$	$C_8\sim C_{33}$	$C_{34}\sim C_{60}$	—
温度区间	20~90℃	90~300℃	300~600℃	600℃

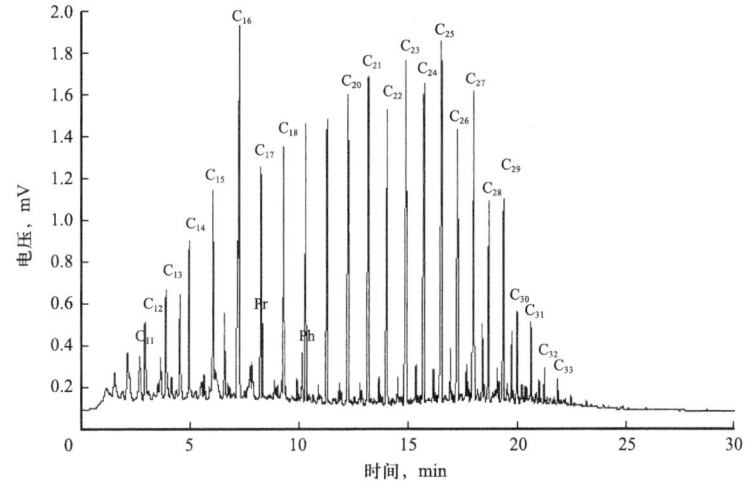

图1 SG169-4井（水基钻井液）岩石热解色谱图

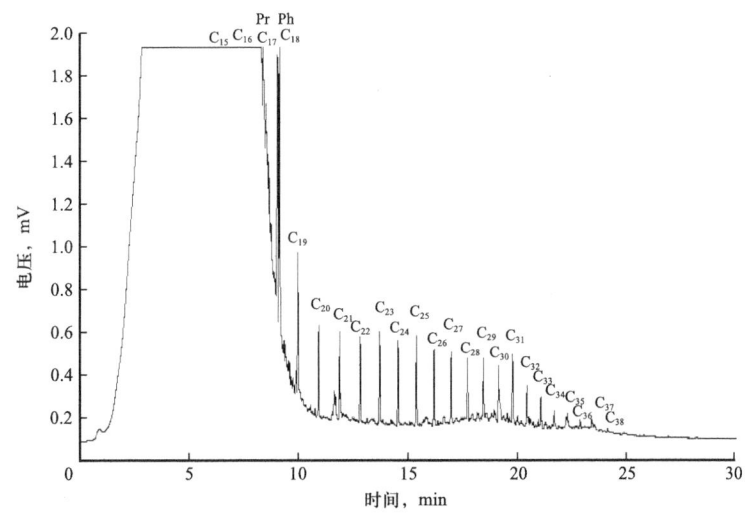

图2 SY1井（油基钻井液）岩石热解色谱图

3 地化录井技术含油性校正方法

与水基钻井液相比,白油基钻井液条件下岩石热解评价参数与热解色谱图响应有明显的区别,故针对水基钻井液的解释评价标准不适用于白油基钻井液。针对白油基钻井液对地化录井技术的影响,建立了一套恢复岩石热解参数 S_1 值和 TOC 的含油性校正新方法,以满足在白油基钻井液条件下勘探开发的需求。

3.1 关键参数优选

岩石热解定量化程度高,但是识别污染难;热解气相色谱图识别钻井液污染具有优势,但是偏定性,因此将两项技术相互结合形成优势互补。由于白油对 C_{20} 以后的组分基本无影响,以辽河油田大民屯地区 SH301D 井为例,应用未受白油基钻井液影响的导眼井岩心、岩屑岩石热解及热解气相色谱数据,运用 Pearson 函数关联分析,分别计算 C_{20} 之后不同碳数范围的岩石热解气相色谱图峰面积与 S_1 值之间的相关性,发现 $C_{21}\sim C_{25}$ 的岩石热解气相色谱图峰面积与 S_1 值的相关性最好,因此将 $C_{21}\sim C_{25}$ 的岩石热解气相色谱图峰面积作为校正 S_1 值的关键参数。

3.2 白油基钻井液条件下岩石热解 S_1 值校正方法

如上所述,对大民屯地区 SH301D 井在导眼井未受白油基钻井液污染的情况下优选 $C_{21}\sim C_{25}$ 的岩石热解气相色谱图峰面积 $M=(\sum C_{21}-C_{25})$ 作为关键参数,与岩石热解参数 S_1 值建立线性回归关系,形成 S_1 反演模型(表2)。

表2 岩石热解 S_1 值反演数据(节选)

深度,m	岩性	岩样类型	S_1,mg/g	$C_{21}\sim C_{25}$峰面积,mV·min
2900	灰褐色油斑油页岩	岩屑	3.921	15.45
2904	灰褐色油斑油页岩	岩屑	4.542	19.36
2908	灰褐色油斑油页岩	岩屑	6.453	35.53
2914	灰褐色油斑油页岩	岩屑	8.652	47.57
2918	灰褐色油斑油页岩	岩屑	6.544	32.66
2926	灰褐色油斑油页岩	岩屑	6.535	37.54
2929.7	灰褐色油迹油页岩	岩心	5.048	19.69
2931.2	灰褐色油迹油页岩	岩心	3.212	13.49
2933.3	灰褐色油迹油页岩	岩心	3.228	13.63
2933.6	灰褐色油迹油页岩	岩心	2.522	9.21
2934.75	灰褐色油迹油页岩	岩心	2.654	10.88

续表

深度，m	岩性	岩样类型	S_1，mg/g	$C_{21} \sim C_{25}$峰面积，mV·min
2935.73	灰褐色油迹油页岩	岩心	3.107	14.33
2937.55	灰褐色油斑油页岩	岩心	8.19	49.37
2939.35	灰褐色油斑油页岩	岩心	7.172	46.20
2946	灰褐色油迹油页岩	岩屑	8.642	51.13
2962	灰褐色油页岩	岩屑	4.208	28.01
2968	浅灰色油迹粉砂岩	岩屑	0.488	6.28
3006	灰黑色油页岩	岩屑	2.558	15.44
3016	灰色荧光白云质泥岩	岩屑	2.481	19.89

第一步：选取岩石热解气相色谱参数 $C_{21} \sim C_{25}$ 峰面积 M 作为模型自变量，应用 Pearson 函数数学算法，开展 $C_{21} \sim C_{25}$ 峰面积 M 与 S_1 值之间的相关性分析，相关性较好，R^2 为 0.9059。

第二步：应用线性拟合法，进行多重数据之间的收敛分析，建立岩石热解气相色谱峰面积反演岩石热解参数 S_1 公式，得到白油基钻井液条件下地化反演模型（图3）：

$$S_{1校} = 0.1638M + 0.8365$$

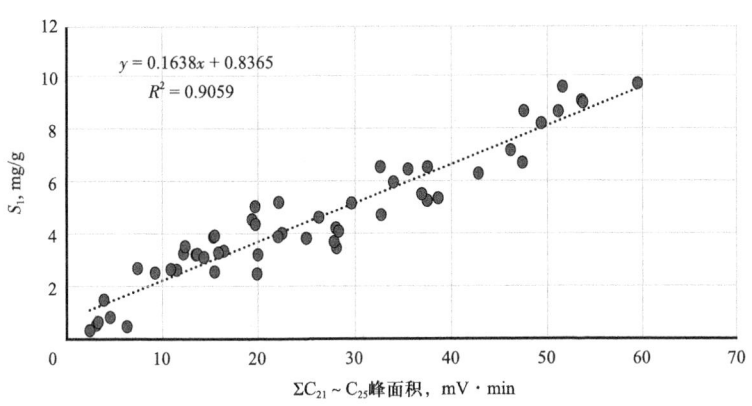

图3 岩石热解参数 S_1 值反演模型

第三步：应用总有机碳计算公式，可以得到油基钻井液条件下页岩油储层 TOC 校正模型：

$$TOC_{校} = 0.083(S_0 + S_{1校} + S_2) + 0.1S_4$$

将水基钻井液导眼井实测 S_1、TOC，分别与油基钻井液水平井相对应垂深的校正值 $S_{1校}$、$TOC_{校}$ 进行对比，S_1 与 $S_{1校}$ 绝对误差平均为 0.47mg/g，TOC 与 $TOC_{校}$ 绝对误差平均为 0.04%，误差较小。分别对两种参数原始值和校正值进行相关性分析，水基钻井液导眼井实测 S_1 与白油基钻井液条件下校正值 $S_{1校}$ 的相关性较好，R^2 为 0.9018，实测 TOC 与校正值 $TOC_{校}$ 的相关性较好，R^2 为 0.9997，反映该方法实用性较强（表3、图4、图5）。

表3 S_1值、TOC值校正误差分析

深度 m	水基钻井液		油基钻井液		校正值及误差值			
	S_1 mg/g	TOC %	S_1 mg/g	TOC %	$S_{1校}$ mg/g	S_1误差 mg/g	$TOC_{校}$ %	TOC误差 %
2880	3.251	7.62	102.513	21.22	3.911	−0.659	7.68	−0.06
2884	3.521	10.63	102.654	21.23	3.342	0.181	10.62	0.01
2888	2.688	5.28	122.174	24.55	2.404	0.288	5.26	0.02
2904	4.542	6.85	86.695	26.24	4.051	0.492	6.81	0.04
2908	6.453	10.26	103.511	21.6	6.652	−0.197	10.27	−0.01
2914	8.652	13.72	62.220	11.8	8.936	−0.288	13.74	−0.02
2918	6.544	10.31	76.410	13.1	6.401	0.144	10.3	0.01
2926	6.535	8.30	62.121	13.18	5.039	1.495	8.18	0.12
2946	8.642	16.96	127.178	29.2	7.251	1.392	16.85	0.11
2962	4.208	7.68	106.343	19.98	3.468	0.738	7.62	0.06
3024	3.204	9.76	96.328	20.24	3.839	−0.636	9.81	−0.05
3028	3.460	9.77	129.164	24.16	3.552	−0.09	9.77	0
3034	3.686	7.94	110.600	17.72	3.601	0.086	7.93	0.01
3042	3.892	7.84	106.167	21.63	3.609	0.282	7.82	0.02
3044	3.345	10.92	132.521	28.79	3.466	−0.125	10.93	−0.01
3046	4.711	10.68	138.165	25.45	4.36	0.351	10.65	0.03

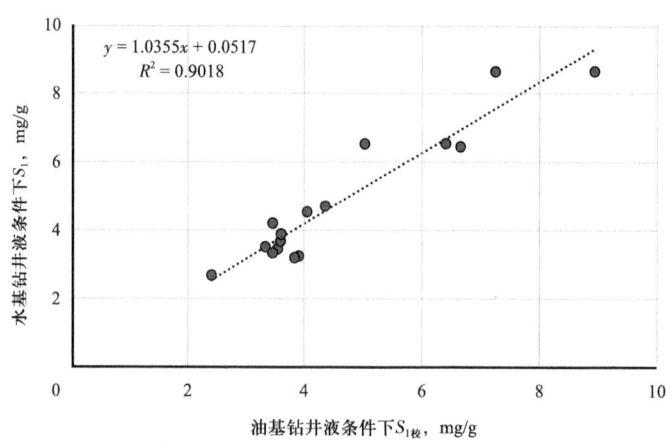

图4 油页岩实测 S_1 与 $S_{1校}$ 相关性图

白油基钻井液对储层含油性评价的影响及校正方法研究

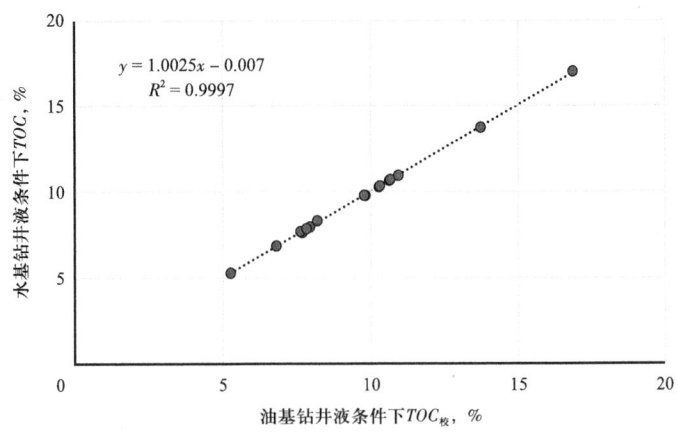

图 5 油页岩实测 TOC 与 $TOC_{校}$ 相关性图

4 应用效果分析

通过在辽河油田渤海湾盆地大民屯凹陷 SH301 井、SH302 井、SH303 井，西部凹陷 SY1 井，开鲁盆地陆东凹陷 HYH231 井、HYH232 井、HYH233 井 7 口井开展应用此方法，均可消除白油基钻井液对岩石热解参数 S_1 值及 TOC 的影响。

4.1 SH302 井应用效果

SH302 井是部署在渤海湾盆地大民屯凹陷的一口水平井，水平段岩性主要为灰黑色油页岩，白油基钻井液条件下岩石热解分析数据特征为：S_1 为 11.567~142.896mg/g，TOC 为 3.277%~29.019%，而导眼井在水基钻井液条件下相同层位的岩石热解分析数据特征为：S_1 为 3.638~9.570mg/g，TOC 为 3.266%~8.196%。

分别对 SH302 井岩石热解参数 S_1 与 TOC 进行校正，得到的 $S_{1校}$ 为 3.302~10.381mg/g，$TOC_{校}$ 为 3.514%~7.509%，与导眼井相同层位岩石热解参数 S_1、TOC 相符，参数具有参考价值，适用于水基钻井液的解释评价标准，应用此方法对该井水平段进行含油性评价，综合解释 I 类储层 384.0m/16 层，II 类储层 797.0m/19 层，III 类储层 25.0m/3 层，经压裂试油后获得初期日产油 9.6t，反映该方法能够有效提高白油基钻井液条件下含油性评价的及时性与准确性（表 4）。

4.2 SY1 井应用效果

SY1 井是部署在渤海湾盆地西部凹陷的一口水平井，水平段岩性主要为灰色油斑粉砂岩，为非常规页岩油，白油基钻井液条件下岩石热解分析数据特征为：S_1 为 33.310~48.450mg/g，S_2 为 5.694~41.751mg/g，而邻井 SG169-4 井在水基钻井液条件下相同层位的岩石热解分析数据特征为：S_1 为 4.855~8.279mg/g，S_2 为 3.179~37.419mg/g。

表4　SH302井岩石热解参数校正数据表（节选）

井深 m	岩性	S_0 mg/g	S_1 mg/g	S_2 mg/g	S_4 mg/g	TOC %	$S_{1校}$ mg/g	$TOC_{校}$ %
3886	灰褐色油斑油页岩	0.137	65.228	44.717	17.278	10.862	10.381	6.312
3902	灰褐色油斑油页岩	0.821	53.463	60.499	18.563	11.381	6.782	7.509
3918	灰褐色油斑油页岩	0.095	58.498	53.071	18.144	11.083	3.668	6.532
3926	灰褐色油斑油页岩	0.069	36.715	24.762	11.569	6.271	3.563	3.514
3934	灰褐色油斑油页岩	0.937	84.005	58.049	17.691	13.640	3.916	6.99
3942	灰褐色油斑油页岩	0.467	34.803	34.848	17.904	7.612	7.311	5.328
3974	灰褐色油斑油页岩	0.481	84.96	40.897	19.878	12.468	6.069	5.926
3982	灰褐色油斑油页岩	0.88	37.537	33.28	12.952	7.253	3.302	4.405
4006	灰褐色油斑油页岩	0.07	38.15	45.111	13.651	8.280	5.112	5.539
4022	灰褐色油斑油页岩	0.102	75.34	44.49	15.183	11.471	8.936	5.961

对SY1井岩石热解参数S_1进行校正，得到的$S_{1校}$为5.016～9.118mg/g，与邻井相同层位岩石热解参数S_1相符，参数具有参考价值，证明该方法同样适用于非常规页岩油，有效修正了S_1数据，解决了非常规页岩油水平井在白油基钻井液条件下的含油性评价难题，为页岩油高效勘探开发作出了贡献（表5）。

表5　SY1井岩石热解参数校正数据表（节选）

井深 m	岩性	S_0 mg/g	S_1 mg/g	S_2 mg/g	T_{max} ℃	$S_{1校}$ mg/g
3808	浅灰色油迹粉砂岩	0.656	35.953	14.506	440	5.550
3810	浅灰色油迹粉砂岩	0.699	36.387	12.658	439	5.081
3814	浅灰色油迹粉砂岩	0.846	39.334	14.794	434	5.321
3816	浅灰色油迹粉砂岩	0.778	38.027	14.516	439	9.118
3818	浅灰色油迹粉砂岩	0.533	37.499	13.192	443	5.172
3820	浅灰色油迹粉砂岩	0.428	39.476	13.694	438	6.414
3822	灰色油斑粉砂岩	0.593	38.657	14.344	441	6.367
3824	灰色油斑粉砂岩	0.244	38.63	11.679	438	6.506
3826	灰色油斑粉砂岩	0.406	34.805	12.439	436	5.016
3828	灰色油斑粉砂岩	0.666	40.101	12.524	436	8.348
3830	灰色油斑粉砂岩	0.588	37.901	11.446	438	8.557
3832	灰色油斑粉砂岩	0.264	37.432	10.363	439	5.438

5 结束语

（1）针对辽河油田页岩油钻探应用白油基钻井液体系导致地化录井岩石热解参数 S_1 值受污染严重问题，通过 Pearson 函数关联分析和岩石热解气相色谱峰面积拟合方法，对地化录井参数的价值进行深入挖掘，优选 $C_{21}\sim C_{25}$ 峰面积 M 作为关键参数，与岩石热解参数 S_1 值建立线性回归关系，建立了一套适用于白油基钻井液的储层岩石热解参数 S_1 和 TOC 校正的新方法，完善了在白油基钻井液条件下页岩油储层勘探开发的录井含油性评价方法。

（2）通过实例应用多井验证，均能有效校正恢复 S_1 和 TOC，有效解决了白油基钻井液对地化录井技术的影响，对页岩油勘探开发及白油基钻井液条件下的储层录井含油性评价具有重要的实际意义。

参 考 文 献

[1] 袁伟，洪伟，郭林昊，等.油基钻井液在 SY-1 井的应用[J].内蒙古石油化工，2021，11：105-107.

[2] 杨琳，刘达贵，尹平，等.白油基钻井液对气测录井数据的影响及认识[J].录井工程，2020，31(4)：10-15.

[3] 张勇，王荐，舒福昌，等.白油基油包水钻井液技术研究及其应用[J].石油天然气学报，2012，34(9)：235-237.

[4] 刘振东，薛玉志，周守菊，等.全油基钻井液完井液体系研究及应用[J].钻井液与完井液，2009，26(6)：10-12.

[5] 宋昀轩，王雷，蔡军，等.地化录井技术在油基钻井液环境下储层流体性质识别中的应用[J].录井工程，2021，32(4)：66-72.

[6] 王俊，杨世亮，张丽艳，等.古龙页岩油储层岩石热解参数 S_1 值校正方法[J].录井工程，2022，33(2)：1-7.

[7] 姜亚辉.油基钻井液条件下录井岩石烃源岩评价方法研究[J].西部探矿工程，2019(5)：71-73.

[8] 唐金祥，孟令蒲，韩志永，等.油基钻井液环境下的录井方法及实践[J].录井工程，2006，17(3)：38-42，46.

[9] 柳广弟，张厚福.石油天然气地质学[M].北京：石油工业出版社，2009：138-143.

[10] 罗健，胡文亮，何玉春，等.不同泥浆体系下东海低渗储层测录井评价[J].海洋地质与第四纪地质，2019，39(6)：217-219.

基于真密度法检测重晶石粉密度的研究

郑宛镧[1]　杨　琳[2]　曾文强[1]　何　佳[1]　舒昌建[1]

（1. 中国石油集团川庆钻探工程有限公司安全环保质量监督检测研究院；
2. 四川宏大技术服务有限公司）

摘　要：重晶石粉作为钻井作业过程中用料极大的油田化学剂，其密度检测方法李氏瓶法检测时间长、影响因素较多，不利于对重晶石粉等级作出快速判定。而真密度法人工成本较低，具有良好的时效性，广泛应用于陶瓷、金属粉末等固体材料的研究和质量控制。本研究将以真密度法为主要测试方法，以李氏瓶法作为比对，考察样品称取质量、样品填充状态等实验条件对重晶石粉真密度的影响，探究真密度法测定重晶石粉密度的可行性。
关键词：真密度法；重晶石粉；密度；李氏瓶法

Study on Barite Density Measurement Based on True Density Method

Abstract: Barite powder is an oil field chemical which is used widely in drilling operation. The density of barite powder is determined by Lipschitz bottle method, which takes a long time and has many influencing factors, and it is not conducive to quickly determining the grade of barite powder. The true density method has low labor cost and good timeliness, which is widely used in the research and quality control of solid materials such as ceramics and metal powders. This study will compare the true density method and the Li's bottle method, including examining the influence of experimental conditions such as sample weighing quality and sample filling state, and exploring the feasibility of the true density method which be used to determine the density of barite powder.

Keywords: true density method; barite powder; density; Li's bottle method

重晶石粉作为石油天然气钻井作业过程中至关重要的油田化学剂，其主要成分为硫酸钡（$BaSO_4$），因其具有密度大、经济廉价、化学性质稳定、不溶于水和酸、无磁性等性质，在平衡地层压力、防止油气井喷方面起到难以替代的作用。重晶石粉密度作为重晶石粉检测、分级的一项关键指标，目前其检测方法为李氏瓶法，主要依照 GB/T 5005—2010

第一作者简介：郑宛镧，男，1996年1月出生，毕业于中国石油大学（华东），硕士研究生，工程师，中国石油集团川庆钻探工程有限公司安全环保质量监督检测研究院，主要从事油田化学剂检测及质量管理相关工作。

《钻井液材料规范》的相关要求执行。李氏瓶法作为行业通行认可的检测方法，具有准确度高、成本低、无特殊设备要求等优点，可以广泛应用于生产车间、钻井现场、实验室等多种场所。但由于李氏瓶法检测时间长、影响因素较多，不利于对重晶石粉等级作出快速判定，在应对大批量重晶石粉检测任务时稍显乏力。

针对上述问题，本研究参考了SY/T 5108—2014《水力压裂和砾石充填作业用支撑剂性能测试方法》中对压裂用支撑剂真密度的测定方法，采用真密度仪对重晶石粉密度进行检测。材料的真密度是指其在绝对密实状态下，去除掉开孔和闭孔后的体积除以质量所得到的密度。真密度法广泛应用于陶瓷、固体催化剂、干燥剂、金属粉末等固体材料的研究和质量控制，其原理是气体膨胀置换法，采用分子直径较小的惰性气体作为介质，进入到样品不规则表面和内部发达孔隙中，通过分析样品所占体积来精确测定样品的真实体积，并计算出真密度。本研究将考察不同操作人员、不同称样质量、不同型号测试管、样品填充状态等实验条件对重晶石粉真密度的影响，并与李氏瓶法进行结果重现性比对，探究真密度法测定重晶石粉密度的可行性。

1 实验材料及仪器

实验中使用的液体介质为无水煤油，气体介质为氦气。本实验主要设备及仪器见表1，均通过中国测试技术研究院等第三方检定机构进行检定或校准，玻璃恒温水浴锅温度偏差为±0.05℃，李氏比重瓶容积偏差范围0~0.05cm^3。

表1 实验设备及仪器

序号	仪器名称	型号	厂家
1	玻璃恒温水浴锅	76-1B	金坛区白塔新宝仪器厂
2	全自动真密度分析仪	G-DENPYC 2900	北京金埃谱科技有限公司
3	李氏比重瓶	250mL	TM
4	电子天平	ME2002E/02	METTLER TOLEDO
5	烘箱	DHG-9423A	上海精宏实验设备有限公司

2 实验方法

李氏瓶法：依照GB/T 5005—2010《钻井液材料规范》中第3.3条测定重晶石粉密度。

真密度法：将样品在105℃±2℃条件下干燥2h，放入干燥器中备用。根据真密度仪操作规程，对样品管进行空管体积校正，记录样品管的空管体积V。称取一定体积的样品，记录样品质量M，倒入样品管中使样品装至样品管螺纹处。将样品管放入真密度仪中，设定参数，打开氦气气源即可进行真密度测定（图1）。

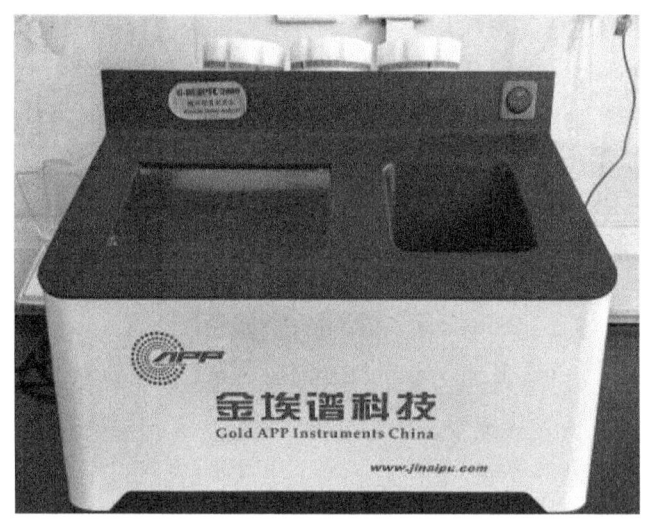

图 1 全自动真密度分析仪

悬浮液密度测定：依照 GB/T 5005—2010《钻井液材料规范》中第 3.12 条测定重晶石粉悬浮液密度。

3 实验结果与分析

本研究对川渝地区钻井现场随机抽样收集得到的 12 个重晶石粉样品，分别进行了李氏瓶法和真密度法检测，并通过测定重晶石粉悬浮液密度的方法加以验证，保证结果的准确性。

为初步考察 12 个样品的密度值与分级情况，采用李氏瓶法对重晶石粉密度进行平行测定，并测试悬浮液密度对结果加以验证，数据结果见表 2。其中，重晶石粉分级标准参考 Q/SY 17008—2019《钻井液用加重剂 重晶石粉》。由表 2 可知，重晶石粉密度平行测定结果的绝对差值均满足 GB/T 5005—2010《钻井液材料规范》附录 D 中试验精度要求，且悬浮液密度在 GB/T 5005—2010《钻井液材料规范》第 3.12.4 条要求的（2.50±0.02）g/cm³ 内，表明样品密度测试结果无误，可用于真密度法试验比对。

表 2 重晶石粉李氏瓶密度及悬浮液密度结果

样品序号	重晶石粉密度，g/cm³				悬浮液密度 g/cm³	重晶石粉分级
	检测结果 A	检测结果 B	绝对差值	平均值		
Z1	4.372	4.363	0.009	4.368	2.51	特级
Z2	4.241	4.238	0.003	4.239	2.50	一级
Z3	4.266	4.277	0.011	4.272	2.50	一级
Z4	4.246	4.249	0.003	4.248	2.50	一级

续表

样品序号	重晶石粉密度，g/cm³				悬浮液密度 g/cm³	重晶石粉分级
	检测结果 A	检测结果 B	绝对差值	平均值		
Z5	4.310	4.322	0.012	4.316	2.49	特级
Z6	4.229	4.246	0.017	4.237	2.49	一级
Z7	4.252	4.260	0.008	4.256	2.50	一级
Z8	4.116	4.108	0.008	4.112	2.51	二级
Z9	4.122	4.135	0.013	4.129	2.50	二级
Z10	4.309	4.315	0.006	4.312	2.50	特级
Z11	4.239	4.260	0.021	4.250	2.51	一级
Z12	4.170	4.162	0.008	4.166	2.50	二级

根据全自动真密度分析仪操作规程，样品在装填时需装至样品管螺纹处，而对样品的装填质量和装填状态未作明确要求。为确定重晶石粉不同装填状态对其密度测定结果的影响，分别采用自然填充和压片填充的方式进行真密度检测。测试结果见表3，其中重晶石粉真密度值为五次平行测定的平均值。从表3中可知，12个样品的真密度结果均低于李氏瓶密度，绝对差值范围为0.008~0.051g/cm³。其中压片填充测试的结果偏差较大，而自然填充测试的结果偏差较小，这主要是由于压片填充过程中，样品之间的空隙被过度压缩，不利于气体介质进入到样品内部的空隙中，导致测试结果出现较大误差。因此，应采用自然填充方式进行真密度检测（图2）。

表3　不同装填状态对重晶石粉真密度测定结果的影响

样品序号	压片填充		自然填充		李氏瓶密度 g/cm³
	真密度 g/cm³	绝对差值 g/cm³	真密度 g/cm³	绝对差值 g/cm³	
Z1	4.335	0.033	4.337	0.031	4.368
Z2	4.203	0.036	4.220	0.019	4.239
Z3	4.231	0.041	4.250	0.022	4.272
Z4	4.201	0.047	4.234	0.014	4.248
Z5	4.295	0.021	4.308	0.008	4.316
Z6	4.221	0.016	4.223	0.014	4.237
Z7	4.219	0.037	4.228	0.028	4.256
Z8	4.083	0.029	4.084	0.028	4.112
Z9	4.078	0.051	4.099	0.030	4.129

续表

样品序号	压片填充		自然填充		李氏瓶密度 g/cm³
	真密度 g/cm³	绝对差值 g/cm³	真密度 g/cm³	绝对差值 g/cm³	
Z10	4.292	0.020	4.296	0.016	4.312
Z11	4.211	0.039	4.218	0.032	4.250
Z12	4.134	0.032	4.156	0.010	4.166

图 2 重晶石粉自然装填示例

为进一步确定不同样品管和不同检测人员对真密度测试结果的影响，采用自然填充方式分别对两种因素进行测试。从表4、表5可知，采用不同样品管和不同检测人员测试真密度结果基本一致，表明真密度法具有较好的稳定性，测试结果受设备及人员的影响较小。

由于全自动真密度仪操作规程中未对样品称取质量进行明确，为考察样品称取质量对测试结果的影响，采用自然填充方式，称取不同样品质量进行试验。从表6可知，不同样品称取质量对重晶石粉真密度测定结果的影响普遍较小，除Z2、Z7、Z8外，其余样品的绝对差值变化较小。

表 4 不同样品管体积对重晶石粉真密度测定结果的影响

样品序号	样品管1		样品管2		李氏瓶密度 g/cm³
	真密度 g/cm³	绝对差值 g/cm³	真密度 g/cm³	绝对差值 g/cm³	
Z1	4.337	0.031	4.339	0.029	4.368
Z2	4.220	0.019	4.227	0.012	4.239
Z3	4.250	0.022	4.252	0.020	4.272
Z4	4.234	0.014	4.238	0.010	4.248
Z5	4.308	0.008	4.304	0.012	4.316
Z6	4.223	0.014	4.221	0.016	4.237
Z7	4.228	0.028	4.233	0.023	4.256
Z8	4.084	0.028	4.084	0.028	4.112
Z9	4.099	0.030	4.102	0.027	4.129
Z10	4.296	0.016	4.294	0.018	4.312
Z11	4.218	0.032	4.220	0.030	4.250
Z12	4.156	0.010	4.150	0.016	4.166

表 5 不同检测人员对重晶石粉真密度测定结果的影响

样品序号	检测人员 1		检测人员 2		李氏瓶密度 g/cm³
	真密度 g/cm³	绝对差值 g/cm³	真密度 g/cm³	绝对差值 g/cm³	
Z1	4.337	0.031	4.335	0.033	4.368
Z2	4.220	0.019	4.223	0.016	4.239
Z3	4.250	0.022	4.254	0.018	4.272
Z4	4.234	0.014	4.232	0.016	4.248
Z5	4.308	0.008	4.307	0.009	4.316
Z6	4.223	0.014	4.225	0.012	4.237
Z7	4.228	0.028	4.234	0.022	4.256
Z8	4.084	0.028	4.086	0.026	4.112
Z9	4.099	0.030	4.094	0.035	4.129
Z10	4.296	0.016	4.298	0.014	4.312
Z11	4.218	0.032	4.220	0.030	4.250
Z12	4.156	0.010	4.150	0.016	4.166

表 6 不同称样质量对重晶石粉真密度测定结果的影响

样品序号	试验 1			试验 2		
	质量 g	真密度 g/cm³	绝对差值 g/cm³	质量 g	真密度 g/cm³	绝对差值 g/cm³
Z1	141.20	4.337	0.031	143.17	4.340	0.028
Z2	150.24	4.220	0.019	148.29	4.221	0.010
Z3	147.28	4.250	0.022	146.80	4.248	0.024
Z4	145.44	4.234	0.014	146.08	4.230	0.018
Z5	138.55	4.308	0.008	139.20	4.305	0.011
Z6	145.07	4.223	0.014	144.25	4.227	0.010
Z7	146.71	4.228	0.028	149.22	4.236	0.020
Z8	157.49	4.084	0.028	155.70	4.089	0.013
Z9	153.59	4.099	0.030	155.11	4.102	0.027
Z10	138.94	4.296	0.016	140.55	4.293	0.010
Z11	147.29	4.218	0.032	146.80	4.221	0.029
Z12	151.06	4.156	0.010	152.44	4.151	0.015

为进一步探究真密度法测试结果的重现性，采用自然填充方式对样品重复测定三次，并与李氏瓶法进行比较。从表7可知，本次实验李氏瓶密度最大差值范围为0.008～0.021g/cm³，平均差值为0.014g/cm³；真密度最大差值范围为0.003～0.010g/cm³，平均差值为0.007g/cm³。分析表明，李氏瓶法操作步骤较为繁琐，包括样品称量、加样、排气、读数等过程，同时煤油纯度、李氏瓶校准值、水浴锅温度校准值等参数都可能对结果造成影响，从而使密度值重现性区间较大；而真密度法的操作过程简单，影响因素少，密度值重现性更好。

表7 两种方法对重晶石粉密度测定结果的重复性比较

样品序号	真密度，g/cm³				李氏瓶密度，g/cm³			
	试验1	试验2	试验3	最大差值	试验1	试验2	试验3	最大差值
Z1	4.337	4.345	4.339	0.008	4.372	4.363	4.384	0.021
Z2	4.230	4.220	4.222	0.010	4.241	4.238	4.228	0.013
Z3	4.250	4.255	4.248	0.007	4.266	4.277	4.261	0.016
Z7	4.228	4.230	4.231	0.003	4.252	4.260	4.248	0.012
Z8	4.084	4.090	4.080	0.010	4.116	4.108	4.110	0.008
Z9	4.099	4.096	4.100	0.004	4.122	4.135	4.122	0.013

上述研究结果表明，采用不同填充方式会对重晶石粉真密度测试结果有明显影响，而不同样品管、不同检测人员和样品称取质量等因素造成的影响普遍较小。在选择相同条件下进行测试时，部分样品的真密度绝对差值较大，这可能是由仪器本身波动造成的。同时在真密度法实验过程中需注意，测试过程中需保持气体介质进气压力稳定，样品需进行烘干预处理，每次测试前需进行空管体积校正。

在试验过程中发现，真密度法与李氏瓶法相比，优势在于：（1）真密度法人为操作步骤较少，从而减少了实验过程中的操作误差，结果重现性较好；（2）李氏瓶法检测时长一般为5～6h，而真密度法可将检测时间控制在1h以内，极大提高了检测效率；（3）真密度仪可自动完成样品平行测定，保证结果的准确性和稳定性，降低了人工成本；（4）真密度法测定介质为惰性气体，避免了煤油等液体介质对环境的污染。

4 结论

本研究以李氏瓶法作为参照，考察了不同填充样品方式、不同样品管、不同检测人员和样品称取质量等因素对重晶石粉真密度测试结果的影响。结果表明，以李氏瓶密度值为基准，采用自然填充方式测定的重晶石粉真密度值的偏差较小，而不同样品管、不同检测人员和样品称取质量等因素造成的影响普遍较小，同时需注意仪器波动可能会造成样品的真密度绝对差值偏大。与李氏瓶法相比,真密度法测试结果具有较好的重现性。基于真密度法具有的时效性好、人工成本低、环境友好等特性,其在测定重晶石粉密度方面具有良好的应用前景。下一步可以参照 Q/SY 17008—2019《钻井液用加重剂 重晶石粉》分级标准,对试验过程中重晶石粉的称取质量进行固化,探究同等级、同质量的试验模式,从而为真密度法测定重晶石粉密度的推广应用提供可行性。

参 考 文 献

[1] 张爱武,王永新,岳松涛,等.钻井液用重晶石粉密度测定不确定度的评定[J].石油工业技术监督,2010,26(10):24-26.
[2] 范立君.基于重晶石粒度级配的高密度钻井液性能调控实验研究[D].青岛:中国石油大学(华东),2020.
[3] SY/T 5108—2014 水力压裂和砾石填充作业用支撑剂性能测试方法[S].
[4] GB/T 5005—2010 钻井液材料规范[S].

中石油固井用新材料与新体系研究及应用
（摘要）

齐奉忠　于永金　靳建洲

（中国石油集团工程技术研究院有限公司）

摘　要：固井是保障优质顺利建井和支撑油气资源安全高效勘探开发的关键工程技术，而良好的固井水泥浆体系是保障固井质量的核心。随着油气勘探开发对象日益复杂，对固井用新材料与新体系的性能要求越来越高。本文梳理了固井化学剂与新材料研究及应用发展历程，全面总结了近年来新研发的固井材料及水泥浆体系。在对标国内外固井外加剂技术现状的基础上，提出了固井外掺料、外加剂需要开展的工作，以及未来攻关方向的建议，对固井新材料与新体系的应用及攻关具有一定的技术指导作用。

关键词：外加剂；固井质量；深井超深井；高温固井

Research and Application of CNPC's New Cementing Materials and Slurry Systems

Abstract: Cementing is one of the key technologies which ensures high-quality well construction, supports efficient exploration and development for oil & gas resources, and guarantees the overall operational safety. Excellent cementing slurry system is essential to the comprehensive cementing quality. The performance requirements of new cementing materials and slurry systems are becoming more critical, which are tasked with meeting increasingly complex operational demands. This paper conducts a thorough review of the historical progression and contemporary advancements in chemical additives and materials for well cementing, with a focus on their practical applications. By comparing current practices worldwide, this study identifies the potential areas for further research and development, and offers valuable insights to future innovations for the cementing additives. Ultimately, this study aims to contribute actionable recommendations to enhance the subsequent research, development and industrial applications of new cementing materials and slurry systems.

Keywords: additives ; cementing bond quality ; deep & ultra-deep wells ; high-temperature cementing

---

第一作者简介：齐奉忠，男，1970年12月出生，1994年毕业于西南石油学院化学工程专业，获学士学位，2005年毕业于石油勘探开发研究院油气井工程专业，获硕士学位。在中国石油集团工程技术研究院有限公司工作，主要从事固井技术研究、技术支持与现场服务工作，正高级工程师，企业高级专家。

冲洗隔离液固井界面残留定量分析方法研究
（摘要）

孟仁洲　夏修建　徐璞　张弛　齐奉忠

（中国石油集团工程技术研究院有限公司）

摘　要：油基钻井液清洗是页岩油气等非常规资源勘探开发长期面临的难题之一。冲洗隔离液是解决该难题的主要手段，但目前冲洗隔离液在套管表面和井眼壁面处的残留特性及其对固井胶结影响的研究较少。本文阐述了含有机溶剂的冲洗隔离液在套管壁及井壁处残留量的定量表征方法，通过该方法发现，冲洗隔离液在顶替钻井液后，残留量远高于冲洗后油基钻井液。基于此，建立了残留冲洗隔离液对水泥石力学特性及胶结强度影响规律的分析评价方法。本项研究可为冲洗隔离液的性能评价提供参考，为深层和非常规油气资源的高效勘探开发提供支撑。

关键词：冲洗隔离液；固井界面；评价方法；水泥石；固井质量

Study on Quantitative Analysis Method of Preflush Spacer Fluid Residue on Cementing Interface

Abstract: The removal of oil-based drilling fluid has been one of the difficulties on the exploration and development of unconventional resources such as shale oil and gas. Preflush spacer is the main means to solve this problem, but there are few studies about the affect of preflush spacer that adheres to the casing surface and borehole wall on the cementing. This paper established a quantitative evaluation method of the residual amount of preflush spacer containing organic solvent on casing surface and borehole wall. It is found that the residual amount of preflush spacer is much higher than that of the replaced oil-based drilling fluid. Based on this, the analysis and evaluation method of the influence of residual preflush spacer on the mechanical properties of hardened cement and bonding strength was established. This study can provide reference for the performance evaluation of preflush spacer, which would provide technical support for the efficient exploration and development of deep and unconventional oil and gas resources.

Keywords: preflush spacer; cementing interface; evaluation method; hardened cement; cementing quality

---

第一作者简介：孟仁洲，男，1991年12月出生，博士，2022年毕业于中国石油大学（华东）油气井工程专业，主要从事固井材料与水泥浆研究工作。

油井水泥用增韧剂标准关键性指标及评价方法研究
（摘要）

刘慧婷　齐奉忠　于永金　刘霖松　冯宇思　李　悦

（中国石油集团工程技术研究院有限公司）

摘　要：韧性水泥技术是提高深井超深井、非常规油气井和储气库井等复杂地质和工况条件固井质量和水泥环密封的重要解决途径，增韧剂作为韧性水泥的核心外加剂近年来受到了广泛的关注。本文主要阐述了油井水泥用增韧剂标准关键性指标及评价方法研究。参考现有固井外加剂的系列标准，结合相关试验的验证结果，以实用、可操作性强为主要原则制定了本项标准。标准规定增韧剂要符合外观、水分、细度、密度等要求。同时，考虑到现场施工需求和固井质量要求，标准对掺入增韧剂后水泥浆的初始稠度和稠化线形突变值，水泥石的2d抗压强度、7d抗压强度和7d杨氏模量的性能指标和评价方法进行了规定。本项标准旨在规范油气井注水泥作业用增韧剂材料的质量检验和应用性能评价，为提升深层、非常规油气井和储气库井固井质量和密封完整性提供技术支撑。

关键词：增韧剂；标准；油井水泥；固井质量

Research on Standardized Key Indexes and Evaluation Methods of Toughening Agents for Oil Well Cement

Abstract: In order to effectively improve the brittleness defects of conventional well cementation cement stone, enhance the well cementation quality and cement ring sealing performance, toughening agent as the core admixture of toughness cement has received wide attention in recent years. This paper mainly describes the research on standard key indexes and evaluation methods of toughening agent for oil well cement. With reference to the relevant standards of existing cementing additives, combined with the verification results of relevant tests, this standard is formulated based on the main principles of practicality and operability. The standard specifies that the toughening agent should comply with the appearance, moisture, fineness, density and

---

第一作者简介：刘慧婷，女，1987年3月出生，毕业于中国石油勘探开发研究院，就任于中国石油集团工程技术研究院有限公司固井研究所，高级工程师，从事固井材料及工作液体系研究。

other requirements. Meanwhile, taking into account the field construction needs and cementing quality requirements, the standard specifies the performance indexes and evaluation methods for the initial consistency, thickening linear mutation value of cement slurry, 2d compressive strength, 7d compressive strength and 7d Young's modulus of cement stone after mixing with toughening agent. The purpose of this standard is to standardize the quality inspection and application performance evaluation of toughener materials for oil and gas well injection cementing operations, and to provide technical support for improving the cementing quality and sealing integrity of deep, unconventional oil and gas wells and gas storage wells.

Keywords: toughening agent ; standard ; oil well cement ; cementing quality

钻井液用甲酸盐含量测定方法研究
（摘要）

张晓光[1]　杨俊贞[1]　王　萍[1]　李　彬[1]　李慧敏[1]　陈蕾旭[2]　张灵英[3]

（1.中海油能源发展股份有限公司工程技术湛江分公司；2.中国石油集团渤海钻探工程有限公司泥浆技术服务分公司；3.中国石油天然气集团有限公司钻井液质量监督检验中心）

摘　要：本文阐述了当前钻井液用甲酸盐检测标准应用现状，分析了甲酸盐含量测定存在的主要问题和影响因素。通过红外等分析方法确定了目前在用的钻井液用甲酸钠均为副产法产品，适合用灼烧滴定法测定其含量，同时通过实验研究对该方法进行了改进；对于钻井液用甲酸钾含量测定，分析了以甲酸根折算甲酸钾含量的弊端，增加了钾离子含量测定，新方法可有效解决该类产品中经常出现"以次充好"的掺假现状。

关键词：甲酸钠含量测定；甲酸钾含量测定

Study on Determination Method of Formate Content for Drilling Fluid

Abstract: This paper expounds the current application status of formate standard test for drilling fluid, and analyzes the main problems and influencing factors in formate content determination. Through infrared analysis, it is determined that sodium formate used in drilling fluid at present is a by-product product, which is suitable for the determination of its content by calcination titration, and the method is improved through experimental research. For the determination of potassium formate content in drilling fluid, analyzed the drawbacks of using formate ions to convert potassium formate content and the determination of potassium ion content is increased. The new method can effectively solve the adulteration situation of "inferior quality" in this kind of products.

Keywords: determination of sodium formate content; determination of potassium formate content

---

第一作者简介：张晓光，男，1994年12月出生，内蒙古大学，中海油能源发展股份有限公司工程技术湛江分公司质检中心，中级工程师，主要从事油化剂检测及标准制修订工作。